高等院校化学化工实验规划教材

分析化学实验

ANALYTICAL
CHEMISTRY EXPERIMENT

本册主编　谢　敏（兰州城市学院）
本册副主编　尹奋平（西北民族大学）
马　洁（天水师范学院）
齐慧丽（陇东学院）

蘭州大學出版社
LANZHOU UNIVERSITY PRESS

图书在版编目（CIP）数据

分析化学实验 / 谢敏主编. -- 兰州 : 兰州大学出版社, 2022.7（2025.1重印）
高等院校化学化工实验规划教材 / 马建泰总主编
ISBN 978-7-311-06294-1

Ⅰ. ①分… Ⅱ. ①谢… Ⅲ. ①分析化学－化学实验－高等学校－教材 Ⅳ. ①O652.1

中国版本图书馆CIP数据核字(2022)第094543号

责任编辑　牛涵波
封面设计　汪如祥

丛 书 名　高等院校化学化工实验规划教材
本册书名　分析化学实验
作　　者　谢 敏　主编
出版发行　兰州大学出版社　（地址:兰州市天水南路222号　730000）
电　　话　0931-8912613(总编办公室)　0931-8617156(营销中心)
网　　址　http://press.lzu.edu.cn
电子信箱　press@lzu.edu.cn
印　　刷　西安日报社印务中心
开　　本　787 mm×1092 mm　1/16
印　　张　11.25
字　　数　242千
版　　次　2022年7月第1版
印　　次　2025年1月第4次印刷
书　　号　ISBN 978-7-311-06294-1
定　　价　28.00元

前 言

分析化学是化学学科的一个重要分支，是人类获得物质化学组成和结构信息的科学。分析化学实验是分析化学的实践环节，其实质是化学分析实验。化学分析实验是利用物质间的化学反应和它们间的计量关系来确定被测物质的组成、含量和简单物质结构的一类分析方法。分析化学实验的主要任务是开发确定分析物质的成分及量的分析方法，其不仅对化学各学科的发展起着重要作用，而且在医药卫生、工业、农业、国防、资源开发等许多领域中都有广泛的应用，具有准确度高、方法简便、仪器简单、适合常量分析等特点。为此，我们组织来自西北民族大学、天水师范学院、兰州城市学院、陇东学院、陇南师范高等专科学校等院校的一线教师共同编写了《分析化学实验》一书。

本书选编的实验内容较多，除了常规实验外，还吸纳了参编单位成熟的特色实验内容，使教材涉及了滴定分析、重量分析、电位分析和光度分析等四个方面的内容，各校具体安排学生做什么实验，由各参编单位结合自身特点自行确定。除此之外，本教材还配套有相应数字资源，师生通过手机扫描二维码即可观看，并进行相应知识点的学习。通过这些实验，学生可以建立起准确的“量”的概念，并掌握与此相关的基本理论、测定原理及实验技术，为后继的科研工作打好基础。

本教材的编写分工如下：尹奋平编写了实验4、12、24，马洁、鲁沐心编写了实验1、3、7、11，齐慧丽编写了实验14、23、29、39，赵国虎编写了前言并做了教学视频搜集，谢敏编写了剩余部分。

本书由谢敏和赵国虎两位老师统稿和通读整理。在数字资源方面，北京欧倍尔软件技术开发有限公司为本书提供了丰富的教学视频，特此表示感谢。兰州城市学院化学工程学院姜龙、赵炯贤、尚天辰等同学配合完成了本书照片的拍摄，特此表示感谢。此外，在编写的过程中，还得到了兰州大学出版社的指导，各参编学院同仁也提出了许多宝贵的意见，在此一并表示感谢。

由于编者水平有限，加之编写成稿的时间仓促，因此本书中缺点和错误之处在所难免，希望读者不吝赐教、批评指正。

编者

2022年6月

目　录

第1章　分析化学基础知识

实验室安全知识

1.1　分析化学实验的课程目标

分析化学实验是化学及相关专业必修的一门基础实验课，与分析化学理论课紧密结合。基于分析化学及实验自身“定量”的特点，分析化学实验除了必需的实验预习、实验纪律外，在操作的规范性、严谨细致的实验态度方面具有更严格的要求，并且更为重要的是实验原始数据的记录、处理，分析结果的给出及评价。实验项目主要包括基础实验、综合实验两类：基础实验主要包括常规仪器的使用、基本操作、基本实验技能及基本方法的验证性实验，以培养学生的实验技能、实验作风和科学素养；综合实验是在基础实验的基础上，集合了提取、制备、测定方法的选择与对比等一套完整的实验过程，注重分析化学实验与有机化学、无机化学等知识的交叉与灵活运用，并兼顾了科研的前沿知识，从而培养学生探索解决问题的能力，提高学生学习的能动性和积极性，使学生了解科研的基本思路和方法，激发学生对分析化学及其他化学分支学科的学习兴趣。

（1）本实验课程培养的主要实验技能包括：常规仪器的洗涤，分析天平、移液管、吸量管及滴定管的使用（一定质量或体积的精确量取）；溶液的配制与标定（容量瓶、移液管的使用）；常见试样的选取、制备及预处理；指示剂的选择、滴定终点的操作要点及终点的判断；晶形沉淀及无定形沉淀的制备、过滤、洗涤、干燥；分光光度计、pH计、真空干燥箱、马弗炉、振荡器、离心机等仪器的使用；分析手册、电子资源的查阅及使用。

（2）本实验课程培养的主要实验素养包括：科学的思想方法、严谨细致的实验态度（认真观察实验现象、及时准确记录实验数据、科学分析实验数据）；良好的实验操作习惯（准备充分、操作规范、记录简明、台面整洁、实验有序）及团结协作精神；爱公物、守纪律的优良品德和环保意识；实事求是的工作作风。

（3）本实验课程着重培养的实验能力有：动手能力、独立分析及解决问题的能力、自主查阅资料的能力、归纳总结的能力、设计实验的能力。

（4）本实验课程对实验数据和结果的要求：准确记录原始数据，合理进行数据的取舍和分析，正确进行运算，注意有效数字；将数据记录在实验记录本上，不得涂改；至少记录3组有效数据，数据间的平均偏差不超过±0.2%，误差不超过±0.8%。自拟方案实验、双组分及复杂成分的分析和微量分析实验则适当放宽要求。

1.2　分析化学实验的课程要求

（1）首先学习并通过实验安全考试，认真阅读“实验室须知”，并遵守实验室的各项管理制度。了解实验室安全常识、常用化学药品的使用方法及注意事项，了解实验室一般事故的处理方法，听从实验室管理人员及实验教师的管理规定。

（2）每节实验课前必须认真进行预习，明确实验目的及要求，理解实验原理、内容和方法，包括涉及的基本操作、主要仪器的操作要点、所用试剂的使用方法、注意事项，熟悉实验步骤，并写好预习报告。未预习者不得进行实验。实验前检查所需仪器和药品是否齐全。

（3）每节实验课开始前都要按照仪器清单认真清点自己的仪器。有损坏或丢失的仪器要及时登记领取，期末按学校及学院有关规定进行赔偿。实验中爱惜仪器，轻拿轻放，及时收纳防止丢失，并注意实验安全。使用精密仪器时，认真阅读使用说明，按操作规程操作，一旦仪器出现异常，立即停止使用并报告教师，找出原因，排除故障。

认真听取教师讲解，做好记录，不得擅自更改实验内容和实验步骤；开始实验后，认真操作，详细记录实验现象、实验数据、操作要点及有疑问的地方，待所有实验步骤完成，数据完全、有效后，结束实验。实验须独立完成，但有疑问的地方可与同学及教师讨论。

（4）实验中注意节约试剂、滤纸、纯水及自来水等实验用品，取用试剂时要看清标签和取用的量，用干净的药匙或滴管取用（钥匙清洗干净，滴管不能混用），取用完毕后盖好瓶盖，将药品放回原处。药品一经取出，不应再倒回原瓶，未用完的应按废液或固体废弃物处理，以免污染整瓶药品。洗仪器时要遵循“少量多次”的原则，节约用水。

（5）实验中除交流实验有关的问题外，其余时间需保持安静，禁止大声喧哗、打闹、玩手机等与实验无关的事情。实验过程中注意保持实验台面干净整洁，公用药品使用后放回原处。个人药品做好标记，放在实验台的药品架上。及时清理不慎洒落在地面及桌面上的药品、试剂。

（6）所有原始实验数据必须及时记录在专门的实验记录本上，不得涂改原始实验数据，确有错误的数据经教师核实后划掉并写上正确的数据。实验结束后需将原始数据进行整理，誊写在相应的表格中，并进行准确的运算得到分析结果（要有详细的公式），对实验的结果及实验成败进行分析，写在实验报告上。

（7）树立环境保护意识，在保证实验准确度要求的前提下，尽量减少化学物质（特别是有毒有害试剂）的消耗。实验产生的废液倒入专门的废液桶，废弃药品倒入指定的废物收集器，统一处理。特别注意：无毒无害物品，包括氯化钠、钙片、食用白醋等直接倒入下水道即可，以减少三废（废水、废气和固体废弃物）处理的压力。

（8）火柴、纸屑等固体废弃物需丢入垃圾桶内，不能丢入水槽，以免水管堵塞。使用完后注意清理水槽内的杂物，并将水槽周边擦拭干净。

（9）实验结束后，清洗仪器，整理实验台，打扫实验室，关闭所用仪器及水、电、门窗后方可离开实验室。

（10）实验室仪器、药品及其他用品不得带出实验室。

1.3　分析化学实验室安全知识

1.3.1　常见化学品基础知识

常见化学品信息可参考物质安全资料表（Material Safety Data Sheet，MSDS），通过该表可查看化学品在生产、销售、运输、储存和使用过程中的防护知识及一般化学品事故的急救方法。每种化学品的MSDS数据都包含以下16项内容：化学品及企业标识、成分/组成信息、危险品概述、急救措施、消防措施、泄露应急处理、操作处置和储存、接触控制/个体防护、理化特性、稳定性和反应活性、毒理学资料、生态学资料、废弃处置、运输信息、法规信息、其他信息。

现就试剂的级别、存放做以下总结：

1.试剂级别

化学试剂根据试剂的纯度和用途可以分为四个等级（表1-1）。

表1-1　化学试剂的等级分类

	一级	二级	三级	四级
中文标志	优级纯	分析纯	化学纯	试剂纯
符号	G. R	A. R	C. R	L. R
标签颜色	绿色	红色	蓝色	棕色
欧美通用等级符号	G. R	A. R	C. P	—
杂质含量	很低	低	较高	高
纯度	>99.8%	>99.7%	>99.5%	—
用途	精密科研和分析	一般科研和分析	工业分析与制备	一般化学制备

用于生化分析的试剂为生物试剂，其纯度表示与一般化学试剂不同。除此之外还有高纯试剂（纯度大于99.99%），通常用于痕量分析；色谱纯试剂，可满足色谱分析的特殊要求；光谱纯试剂，用于光谱分析等。基准试剂的纯度相当于或高于优级纯试剂，可在滴定分析中作为基准物质，用于标准溶液的配制和未知溶液浓度的标定。

试剂的选择应本着节约的原则，尽量选择低规格药品。试剂纯度越高，成本也就越高，甚至成倍增加，因此试剂纯度满足实验分析要求即可，不可盲目追求高纯度，以免造成浪费。

2. 试剂存放

化学试剂大多具有毒性、腐蚀性、危险性，应根据其物质的种类、毒性大小、是否易燃、腐蚀性大小、操作危险性、稳定性等特点进行分类存放。

（1）液体试剂通常存放于细口玻璃瓶（或塑料瓶）中，瓶塞为磨口玻璃塞（塑料螺旋盖，有内盖），利于倾倒。存放强碱性溶液如氢氧化钠、氢氧化钾、浓氨水等的瓶子，应使用橡胶塞，因为玻璃塞会与强碱性试剂粘连。固体通常存放于广口瓶中，方便药匙取用。

（2）高锰酸钾、硝酸银、草酸等见光易分解的试剂应存放在棕色瓶中，并置于阴暗处保存；低价金属盐如二价铁盐、氯化亚锡等容易被氧化的物质，也应存放在棕色瓶中，价格昂贵的易氧化试剂可抽去空气、充惰性气体保存；氨水、有机溶剂等易挥发的试剂均应存放在棕色瓶中，并置于阴凉处保存。过氧化氢见光易分解，分解作用会因受到玻璃瓶中金属元素的催化而加快，因此通常存放于塑料瓶中，并在瓶外包裹黑色纸或塑料袋，黑色纸或塑料袋起到避光作用。

（3）氢氟酸、强碱等会腐蚀玻璃的试剂应存放在塑料瓶中。

（4）易吸水的药品如氢氧化钠、无水碳酸钠等应注意严格密封。

（5）还原剂与氧化剂、有机物和强氧化剂、挥发性的酸和碱等相互反应的试剂应分开存放。

（6）白磷、有机溶剂等易燃物，钾、钠等易燃烧爆炸的活泼金属，氯酸钾、硝酸钾、硝酸铵、高氯酸、过氧化物等强氧化剂，应放置在阴凉通风、避光之处。

（7）氰化物、汞、三氧化二砷等剧毒试剂应由双人双锁专人保管，并做好使用记录。

（8）任何试剂均应有相应的标签，标签上清晰注明名称、规格、浓度、配制时间、配制人等信息，并附上透明胶带作为保护膜，以利于标签长久保存。

1.3.2 安全实验注意事项

实验室安全包括实验安全、仪器设备安全、实验室安全及人身安全，其中最为重要的是人身安全。分析化学实验室在安全方面主要须注意避免有毒、腐蚀性化学药品的皮肤接触、吸入、食入，易燃易爆化学品可能带来的火灾、爆炸，玻璃仪器的割伤，高温物体的烫伤，电器的触电等。在实验过程中不正确的操作或安全意识淡薄都可能造成各种事故的发生，因此重视实验室安全，熟悉安全知识、安全操作及安全防护是至关重要的。实验室的安全是实验室每个实验人员及管理人员共同的责任，发生事故不仅影响整个实验室工作的正常进行，还会危害个人及他人的健康甚至生命安全，损害集体及国家的财产安全。所以必须熟知实验安全常识，从思想上注意安全，杜绝麻痹大意，但也不能畏首畏尾、盲目害怕而不敢实验，采取安全措施，熟悉安全常识，绝不是实验的障碍。为此，需注意以下几点：

（1）熟悉实验室及周边环境，了解实验室布局，熟悉水、电、气的线路走向，水电总闸或总阀的位置，气体钢瓶的种类、位置、数量，灭火器的位置及各种消防器材的使用方法。禁止随意挪动灭火器、沙箱等应急设备。离开实验室前应仔细检查水、电、气、门窗是否关闭。

（2）注意不能用湿手接触电器及电源插头、插孔，电器使用完毕后应关闭仪器电源并拔下插头，注意大功率加热设备不要长时间使用，使用完毕应立即关闭。凡是漏电的设备，均应立即停止使用。

（3）严禁在实验室进食、吸烟、携带火种、生火，禁止用实验器皿盛放食物及水，防止一切实验室物品入口。实验中途或结束如需进食或饮水，应洗净双手离开实验室进行。不得直接用手接触任何化学药品。

（4）使用浓酸、浓碱、强氧化剂及其他有腐蚀性的药品及溶液时要格外小心，应避免洒在皮肤、书籍、实验台上，更应避免溅入眼睛、口中。使用浓硫酸、浓硝酸、浓盐酸、高氯酸、浓氨水时应戴耐酸碱手套和防护眼镜，并在拉下防护玻璃窗的通风橱中进行。在夏季或温度较高的环境中打开浓氨水时，要注意冲洗氨水瓶外壁，使之冷却后再开启。稀释浓酸时，应将浓酸缓慢滴入水中并不断搅拌，必要时可用冷水冷却；浓碱溶液配制时，同样会放出大量的热，因此配制大量浓碱溶液时应将碱固体分批加入，不断搅拌并用冷水或冰水冷却。若酸（或碱）不小心洒到皮肤上或溅入眼内，应立即用大量流动水冲洗，然后用50 $g\cdot L^{-1}$的碳酸氢钠（或硼酸溶液）冲洗，最后再用大量水冲洗。

（5）使用有机溶剂时一定要远离热源及火源，最好在通风橱中进行，使用完毕立即盖好瓶盖，放入专门的试剂柜中，禁止放入没有安装防爆装置的冰箱。有机溶剂禁止使用带有明火的热源进行加热。闻嗅气体的味道时，用手轻轻扇向鼻孔即可，禁止直接俯向容器。

（6）酒精灯应随用随点，用完及时熄灭，不能用燃着的酒精灯点燃另一酒精灯，以免失火。

（7）使用汞盐、氰化物、砷化物、甲醛等剧毒或致癌药物时应特别小心，做好个人防护，特别是对实验产生的三废进行处理及对仪器进行清洗时要全面防护，直至实验用品全部收拾妥当。氰化物不能接触酸，以免产生易挥发的剧毒物质氢氰酸！氰化物废液应倒入碱性二价铁盐溶液中，使其转化为毒性较低的二价铁与氰根的络合物，再作为废液处理，严禁直接倒入废液桶或下水道。使用后的汞应收集在专门的回收器中，不可随意倾倒废弃；汞不慎洒落后应佩戴手套，用滴管小心收集干净，用硫黄粉进行处理，并清扫干净，放入专门的固体废弃物容器中。含汞盐的废液应加入明矾和硫化钠，使其转化为硫化汞沉淀，待其静置分层后排放上清液至废液桶，残渣收集到汞盐的专用回收器皿中。使用或产生硫化氢、氯气、磷化氢、二氧化氮、二氧化硫、氟化氢等有毒挥发性气体的实验，应在通风橱中进行，有条件者可佩戴防护面具。使用甲醛溶液时，应注意在通风橱中进行，佩戴防护眼镜，若有洒落的甲醛，应及时清理。有可替代的实验方法时应尽量替换、减少以上药品的使用。

（8）使用加热板、马弗炉等设备时要谨防烫伤。加热的试管管口不能朝向自己和他人，也不要俯视正在加热的液体，以免液体飞溅造成事故。如果发生烫伤，应立即涂抹烫伤药膏，严重者处理后应立即就医。如果实验室发生火灾，应根据起火物质的属性进行灭火：有机溶剂着火应用沙子覆盖，不能用水扑灭，否则会造成火势增大；电器着火应首先切断电源，再用四氯化碳灭火器灭火。万一发生难以控制的火灾，应立即离开现场以免造成人员伤亡，并尽快报警。

（9）使用玻璃时应轻拿轻放，使用前应检查是否有裂纹，有裂纹或利口的玻璃仪器应立即更换，以免发生危险。使用玻璃管等易断玻璃仪器时应防止割伤。如果发生割伤，应用小药箱及时处理，清理玻璃碴并包扎伤口，严重时应立即就医。

（10）实验中产生的废液应及时清理，剩余试剂应标明试剂的类别、浓度、配制时间等，以免遗留安全隐患。禁止随意混合任意药品，以免发生危险。

（11）凡进入实验室人员，均需着长袖实验服或防护服，禁止穿短裙短裤、露脚踝的鞋袜或拖鞋进入实验室，长发必须束起。必须佩戴防护手套和实验用口罩，按需要佩戴护目镜、安全帽、呼吸器或防毒面罩等。进行化学、生物安全和高温实验时，不得佩戴隐形眼镜。

（12）使用摇床、离心机等旋转设备时，不应穿戴长围巾、丝巾、领带等，长发需盘起。

（13）穿着实验服和戴着实验所用手套时不得随意出入非实验区。

1.3.3 意外事故的急救处理及实验室应急方案

1. 火灾

小范围着火可根据火源的性质实施灭火：洒落的酒精等溶于水的溶剂发生着火，可用大量水扑灭；汽油、石油醚等有机溶剂发生着火，可用砂土覆盖；电线或电器发生着火，应首先切断电源，再用四氯化碳灭火器灭火。

如果火势较大，应切断电源，对其他易燃易爆物进行转移，尽快撤离并报警，向消防值班人员说明事故原因、火种类别、现场情况，由专业消防人员灭火。如果火势很大、情况严峻，应按下火警报警器后迅速撤离。

常用灭火器具、适用情形及操作方法见表1-2。

表1-2 常用灭火器具、适用情形及操作方法

灭火器具	适用情形	操作方法	注意事项
石棉布	小火	直接覆盖在火苗上	—
砂土	不能用水扑灭的小火	直接抛洒	砂土应为干的
水	燃烧物与水互溶且遇水没有危险的火情	直接倾倒	有机物不适用

续表1-2

灭火器具	适用情形	操作方法	注意事项
泡沫灭火器	扑救一般固体物质火灾及油类等可燃液体火灾，但不能扑救带电设备（使用特殊喷嘴除外）和醇、酮、酯、醚等有机溶剂引发的火灾（抗溶泡沫灭火剂除外）	灭火器倒置，喷向火场	应存放于干燥、阴凉、通风且取用方便之处，以防碳酸分解而失效；冬季要采取防冻措施，以防冻结；应经常擦除灰尘、疏通喷嘴，使之保持通畅
二氧化碳灭火器	工厂、实验室均可使用；不留残渣，不破坏仪器，通电仪器适用	打开阀门，喇叭对准火焰根部	金属镁燃烧禁用
四氯化碳灭火器	适用于电火灾	颠倒四氯化碳灭火器，然后逆时针旋转手轮，打开阀门，四氯化碳马上从喷咀喷出，进行灭火	高温产生有毒气体，不通风的场所限制使用，钾、钠金属存在时有爆炸风险
石墨粉	钾、钠、锂等活泼金属起火	用石墨粉覆盖在燃烧的金属上，将金属与空气隔离开，金属的燃烧就会熄灭	—
1211灭火器	主要适用于扑救易燃、可燃液体、气体、金属及带电设备的初起火灾；扑救精密仪器、精密仪表、贵重物资、珍贵文物、图书档案等初起火灾；扑救飞机、船舶、车辆、油库、宾馆等场所固体物质的表面初起火灾	拨掉安全销，然后握紧压把进行喷射	该灭火剂对臭氧层破坏力强，我国已于2005年停止生产1211灭火剂
干粉灭火器	碳酸氢钠干粉灭火器适用于扑救易燃、可燃液体、气体及带电设备的初起火灾；磷酸铵盐干粉灭火器除可用于扑救上述几类火灾外，还可用于扑救固体类物质的初起火灾	将灭火器提到距火源适当位置后，先上下颠倒几次，使筒内的干粉松动，然后让喷嘴对准燃烧最猛烈处，拔去保险销，压下压把，灭火剂便会喷出灭火	不能扑救金属燃烧火灾

2. 少量化学品泄漏

化学品泄漏后须根据泄漏物的性质，穿戴好呼吸面罩、防护眼镜和防护服等。

若泄漏物是易燃易爆品，应切断火源、热源，拉下电源总闸，用合适的容器将泄漏物收集起来，少量残余物用化学吸收棉擦拭干净，尽可能回收完全。收集的泄漏物应按三废处理规定处理。

3. 烫伤、烧伤

开水等造成的烫伤可用10%的高锰酸钾涂抹，或涂上烫伤膏，用纱布包扎。

被腐蚀性化学品烫伤、烧伤后，应立即脱去受伤部位被污染的衣物，并用大量清水保持冲洗皮肤15 min以上，以冲洗掉化学品、保持创伤面的洁净并起到降温的作用，等待医务人员救治，或用合适的可消除这类化学品的溶液进行清洗或涂抹。被遇水能发生反应或放热的腐蚀性化学品烫伤、烧伤后，应先用纱布、医用棉花抹去毒物，再用大量水冲洗。对眼部的烫伤、烧伤，应立即用水清洗眼睛15 min以上，并及时送医。

4. 中毒

各类化学品（气、液、固体）引起中毒时，应立即将中毒者转移至通风清洁处，视情况采用催吐、人工呼吸、服用合适的解毒液等急救方法，等待专业医务人员治疗。

5. 割伤（玻璃或铁器）

先将碎玻璃碴小心挑出或冲洗干净，用生理盐水或硼酸洗液擦洗伤口周边，涂上紫药水及消炎药后用纱布包扎。情况较为严重的，先用酒精擦拭伤口周边消毒，再用纱布按压伤口止血，之后立即送往医院清理缝合。

6. 强酸腐蚀

先用大量水冲洗，然后用碳酸氢钠溶液冲洗。若强碱溅入眼内，应立即用大量水冲洗，然后用碳酸氢钠溶液冲洗，最后再用清水冲洗干净。若为氢氟酸腐蚀，应迅速用水冲洗，再用5%的碳酸钠溶液冲洗，然后在饱和硫酸镁溶液中浸泡半小时，最后用硫酸镁：氧化镁：甘油：盐酸普鲁卡因=26%：6%：18%：1.2%的药膏涂抹（或涂抹甘油：氧化镁=2：1的悬浮剂），严重时应就医。

7. 强碱腐蚀

先用大量水冲洗，然后用硼酸溶液或1%的柠檬酸冲洗。若强碱溅入眼内，应立即用大量水冲洗，然后用硼酸溶液冲洗，最后滴蓖麻油。

8. 吸入氯气、溴蒸气等有毒气体

可吸入少量的乙醇、乙醚混合蒸气解毒，同时移动到通风处呼吸新鲜空气。

9. 汞泄露

立即用滴管将汞滴拾起，用锌片接触使其生成合金，然后撒上硫黄粉使其转化成不挥发的硫化汞。

10. 触电事故

立即拉下电闸，用绝缘体（干燥的木棒、竹竿等）将触电者与电源隔开。

在任何情况下，都须谨记安全第一！以上事故较为严重的，应立即送往医院救治。

1.3.4 实验安全案例分析

1. 案例一

实验人员将颜色接近的含大量甲苯的废液当成铬酸洗液，两者混在一起，当即发生爆炸，导致该人员眼角留下疤痕。

2. 案例二

实验人员在处理废液时，将一瓶没有标签的不明液体直接倒入普通废液桶里，引发了爆炸。事后调研得知，该不明液体为三氯氧磷，遇水会剧烈分解，放出大量的热，导致爆炸。

3.案例三

实验人员在实验过程中不小心将打翻的乙醇洒在电源插座上，碰巧乙醇与线路老化导致的电火花接触导致起火，万幸的是实验台上没有其他易燃易爆品，火势很快得到控制，没有造成财产损失及人员伤亡。

以上案例警示我们在实验室要保持良好的习惯：实验药品随时做好标记，及时清理废液和剩余药品，特别是剧毒、易燃易爆、遇水或空气剧烈反应甚至爆炸等需特殊处理的药品，不留安全隐患。对不明药品应设法先进行鉴定，再进行处理；对理化性质、毒性不清楚的药品要进行资料的查阅，待调研清楚后再使用；易燃易爆、剧毒等危险品要随用随取，使用完毕立即放回原处，并处理好废液。实验之前必须进行预习，并保持头脑清醒，禁止带病实验。

1.4 分析化学实验中常用仪器的洗涤和干燥

1.4.1 滴定分析中的常用仪器介绍

滴定分析中，常用的仪器主要有锥形瓶、滴定管、容量瓶、移液管（或吸量管）、称量瓶，以及烧杯、量筒、滴管、玻璃棒、表面皿、试剂瓶。下面分别予以介绍，见表1-3。

表1-3 滴定分析中的常用仪器介绍

名称	特点	规格	用途	注意事项
 烧杯	常用的为透明玻璃材质，底部碰撞坚硬物体易碎，（少量为塑料材质，不易碎，但一般情况下不好清洗，易磨损），有些烧杯带有刻度	25 mL、50 mL、100 mL、250 mL、500 mL、1000 mL、2000 mL	溶解试样、配制溶液，也可作为反应容器。玻璃烧杯可置于石棉网上加热、水浴或油浴加热，干烧容易炸裂	有裂纹的烧杯禁止使用；塑料烧杯不能加热
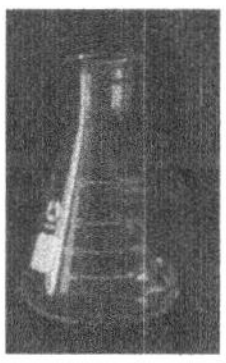 锥形瓶	纵剖面为三角形的敞口容器，也称三角瓶（也有磨口可密封的锥形瓶，比敞口形锥形瓶口略小，一般用于溶液的存放，不用于滴定分析）	50 mL、100 mL、250 mL	主要用于滴定分析中被滴定物质的盛放，口小、底大、敞口，有利于滴定过程中充分振摇，使反应充分而溶液不易溅出；也可作为反应器；可置于石棉网上加热、水浴或油浴加热，干烧容易炸裂	锥形瓶的颈部容易损坏；有裂纹的禁止使用

续表1-3

名称	特点	规格	用途	注意事项
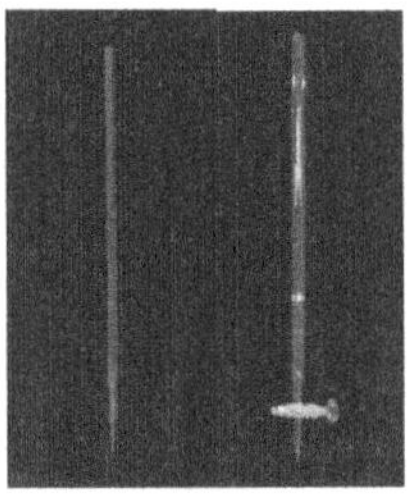 滴定管	玻璃材质，分酸式滴定管（下端为玻璃活塞）、碱式滴定管（下端为橡胶管）、通用型滴定管（下端为四氟乙烯活塞），滴定管分无色和棕色两种，棕色管用于移取见光易分解的溶液	25 mL、50 mL	滴定时用于量取准确体积的溶液	酸式滴定管的玻璃活塞要用橡皮筋固定，避免滑落、丢失、混淆； 碱式滴定管的橡胶管易老化，要及时更换，橡胶管与玻璃珠要配套
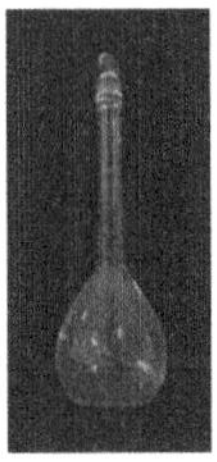 容量瓶	玻璃上标有温度和容积，颈部有刻度线，代表该温度下达到刻度线时液体的体积	10 mL、25 mL、50 mL、100 mL、250 mL、500 mL、1000 mL	一定体积标准溶液及待测样品的配制	活塞要用橡皮筋固定，避免滑落、丢失、混淆； 不能盛放热溶液，溶解及稀释中放热的溶液待冷却后再转入容量瓶定容； 不能长时间储存溶液，溶液配制好后转入试剂瓶保存； 不能烘干或加热，热胀冷缩会导致容积不准确
 碘量瓶	一种带磨口塞、水封槽的特殊锥形瓶，可以减少碘的挥发，称为碘量瓶	250 mL	主要用于碘量法中，也可用作挥发性物质的反应器	滴定时打开塞子，将瓶口及塞子上的碘液用蒸馏水洗入瓶中
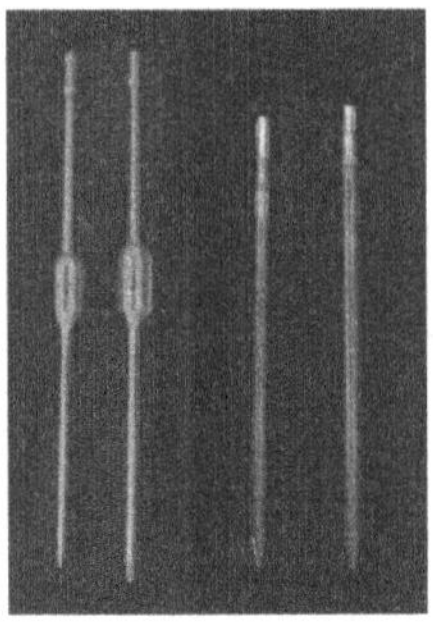 移液管（或吸量管）	带有刻度的玻璃管	1 mL、2 mL、5 mL、10 mL、20 mL、25 mL	用于精确量取液体的体积	不能加热或烘干； 量取液体时对于悬浮在管口的液滴，如果移液管标有“吹”字样，应用洗耳球吹出，否则不能吹出

续表1-3

名称	特点	规格	用途	注意事项
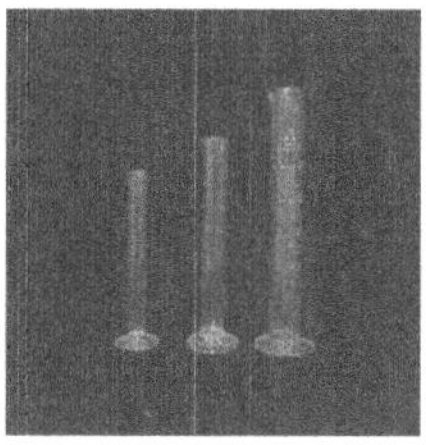 量筒	玻璃、塑料材质均有，以玻璃为主	5 mL、10 mL、25 mL、50 mL、100 mL、250 mL、500 mL、1000 mL	用于粗略量取液体	不能加热，也不能量取过热的液体； 不能用于配制溶液或作为化学反应的容器
 称量瓶	带磨口塞的圆柱形玻璃瓶	有扁形和筒形两种	常用于水分、干燥失重的测定，以及试样、基准物质、易潮解和易吸收二氧化碳药品的称量	称量时盖子要密合； 需借助纸槽操作或戴手套操作，不能直接用手接触； 使用后要洗净烘干以待下次使用
 胶头滴管	玻璃管加配套的胶头，有些玻璃管上有刻度	最大量取体积一般为1 mL、3 mL	少量液体的取用及滴加； 用容量瓶配制标准溶液时定容	专管专用，使用后清洗干净； 不能平放或倒置，以免腐蚀或污染胶头
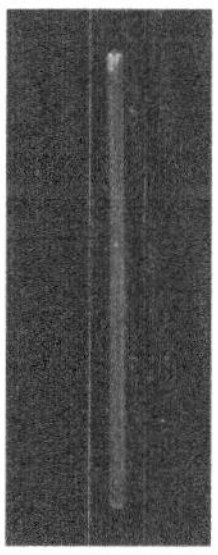 玻璃棒	玻璃材质	有粗细之分	引流、搅拌	一个样品配备一根玻璃棒，不能混用； 不能将温度计当作玻璃棒使用

续表 1-3

名称	特点	规格	用途	注意事项
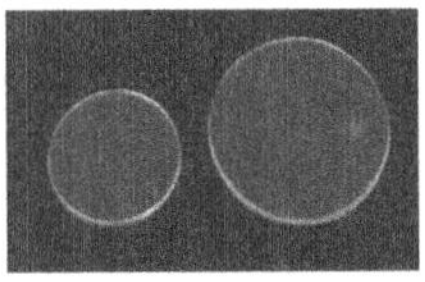 表面皿	玻璃材质	直径 5～15 cm	用作烧杯的盖子； 用于点滴反应； 用于腐蚀性药品的称量，作为托盘； 用于承载pH试纸	不能加热； 作为烧杯盖子时直径应略大于烧杯口，凹面朝上放置
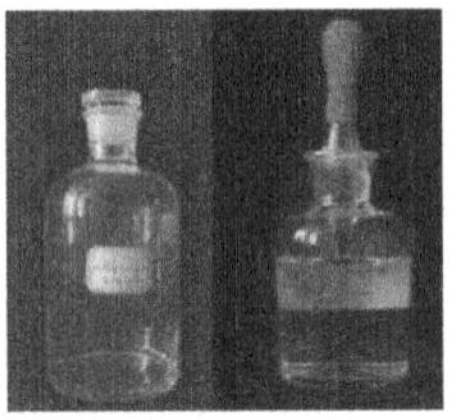 试剂瓶	玻璃材质，带磨口塞	100 mL、250 mL、500 mL	用于配制好的溶液的存放	必须写明标签
 研钵	有瓷和玛瑙材质两种		用于固体颗粒的研磨	只能研磨，不能敲打
 干燥器	厚玻璃材质	直径 150～300 mm	保存需保持干燥的药品、干燥好的基准物质等	干燥器不能装得太满，以免影响干燥效果； 干燥器的密封处均匀涂抹一层凡士林或真空脂； 打开及关闭时向一侧轻轻推开或推入； 灼烧后的物品冷却后才能放入干燥器； 干燥器内干燥剂变色后应及时更换； 搬动时应抱住干燥器身并用手指按住盖子，以免摔落砸伤
 蒸发皿	瓷质，分有柄、无柄两种		用于蒸发浓缩，可直接明火加热	热的蒸发皿应避免溅水、骤冷骤热

续表1-3

名称	特点	规格	用途	注意事项
 坩埚	瓷、铁、镍、铂、银、石英、刚玉材质		耐高温，用于固体的灼烧	灼热的坩埚避免骤冷骤热，用坩埚钳夹取，不能放在实验台上或塑料、橡胶等不耐高温材质的台面上
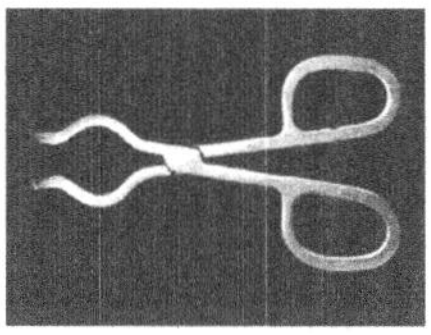 坩埚钳	铁或铜合金材质，表面常镀镍铬		取放坩埚	夹取灼热的坩埚时应将尖端预热，防止坩埚因骤冷骤热而损坏
 漏斗	玻璃材质		用于过滤操作；用于液体或固体粉末的分装、转移	使用时固定在合适的铁圈或漏斗架上；不能明火加热
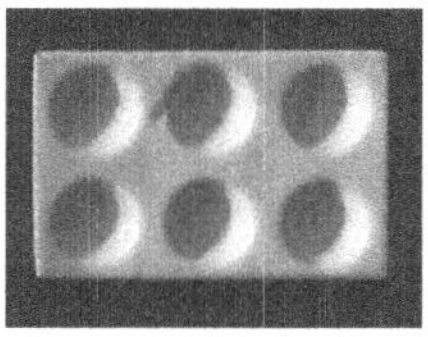 点滴板	带有空穴或凹穴的瓷板或厚玻璃板，有白色、黑色两种		用于显色或沉淀点滴实验中判断是否显色或是否有沉淀生成	白色或黑色沉淀用黑瓷，其他显色反应或沉淀用白瓷；不能加热

滴定管、容量瓶及移液管（或吸量管）是滴定分析中准确量取标准溶液或待测样品体积的容量分析仪器。溶液体积准确与否将直接影响滴定分析数据及结果的准确度。通常体积的量取，需要掌握的技巧较多，熟练程度要求较高，其相对误差比天平的称量要大，而分析结果最终的准确度是由所有操作中误差最大的因素来决定的，因此，准确测量溶液体积显得尤为重要。具体操作技巧见2.1。

1.4.2　常用仪器的清洗

仪器清洗的洁净程度直接关系着测定结果的准确度和精密度，仪器的清洗是实验室中一项最基本的操作。由于定量分析准确度的要求不同，因此对仪器洁净程度的要求也不同。用不干净的仪器进行实验会出现误差，甚至出现难以解释的实验结果。

1.一般方法

附着在玻璃仪器上的污物一般有不溶物、液体残留、指示剂等有色残留，可根据实验的要求、残余物的性质、残余物的多少选择合适的方法进行清洗。一般方法如下：

（1）尘土和水溶物用自来水配合毛刷清洗。

（2）油污和有机物用洗衣粉或洗涤剂配合毛刷清洗，少量顽固性附着物可用刮刀清理。洗衣粉清洗效果不佳的可用碱液洗。容量容器不能用去污粉、毛刷、刮刀等清洗，以免损坏内壁，导致容积发生变化。

（3）氧化剂残留用还原剂清洗。

（4）准确度较高的实验，应用铬酸洗液清洗。

实验中常用的烧杯、锥形瓶、试剂瓶等一般玻璃仪器，先用自来水冲洗，然后用洗衣粉或洗涤剂冲洗，最后用自来水冲洗检查是否洗净。若未洗净，可根据残余物的性质选择合适的溶剂（根据相似相溶原理），或用能与其发生温和化学反应的试剂将污垢软化或反应掉，或采用洗液进行清洗。清洗干净后用自来水冲洗干净，最后用蒸馏水润洗3次。

带刻度的精密仪器如容量瓶、移液管、吸量管、滴定管，不能用毛刷清洗，以保证容积的准确性；光学仪器中的比色皿，最好用水或乙醇清洗或浸泡，不能用毛刷清洗或摩擦其光滑表面，以免影响其光学性质。

2.铬酸洗液的使用方法

分析化学实验中，若玻璃器皿的内壁沾污严重，一般多采用铬酸洗液浸泡的方法洗涤，铬酸洗液由10 g重铬酸钾溶于20 mL热水，稍冷后在不断搅拌下小心加入200 mL浓硫酸而得到。铬酸洗液具有强氧化性和强酸性，适用于无机物和部分有机物的洗涤，去污能力很强。具体使用方法及注意事项如下：

（1）小心拿取实验室用铬酸洗液试剂瓶（注意：铬酸洗液腐蚀性极强，使用时必须佩戴耐酸碱的橡胶手套并格外小心，切记不要将铬酸洗液溅于裸露的皮肤上），一只手握住铬酸洗液试剂瓶，标签朝手心，沿器皿瓶口小心倒入大约为待清洗玻璃仪器容积三分之一的铬酸洗液，轻轻转动并倾斜玻璃仪器，使铬酸洗液均匀地浸润玻璃仪器的内壁，然后将洗液倒回，再用水将仪器冲洗干净。难以清洗的顽固污垢可适当浸泡，浸泡时间根据玻璃仪器的沾污程度决定，如果器皿玷污严重，可适当延长浸泡时间，也可将铬酸洗液稍微加热（最高80 ℃），以增加洗涤效果。

（2）用洗液清洗前需先用上述方法清洗。

（3）因为洗液可重复使用，所以使用洗液时，应尽量避免将水引入到洗液中稀释洗液，否则会影响使用效果。过度稀释的洗液可在通风橱中小心除去多余的水分后再使用。

（4）具有还原性的污染物包括有机物会将重铬酸钾还原为硫酸铬（颜色由棕色变为绿色），使其失去洗液的作用而不能继续使用。

（5）洗液具有很强的腐蚀性，一定勿洒在皮肤上，不慎洒在衣物和实验台上时应及时清理。

（6）铬对环境污染极大，非必需的清洗尽量避免使用。一般仅用于难以清洗的容量瓶、移液管、吸量管、滴定管的洗涤。浸泡完毕的容器，先用自来水冲洗（第一遍冲洗液倒入废液桶，以免造成铬污染），再用蒸馏水冲洗3次。

（7）铬酸洗液不是万能的，比如对于AgCl污染的移液管，应用氨水或硫代硫酸钠清洗；对于MnO_2污染的仪器，应用盐酸-亚硝酸钠溶液洗涤。

3.其他专用洗液

（1）浓盐酸：用于洗涤水垢、无机盐沉淀。金属离子及氧化物可用1∶1的盐酸清洗。

（2）浓硝酸：用于洗涤金属离子。

（3）稀氢氧化钾溶液（$1\ mol\cdot L^{-1}$）：用于去油污及部分有机物。

（4）氢氧化钠-乙醇溶液：俗称“碱缸”（120 g片状氢氧化钠溶于150 mL水中，再加入95%的乙醇混合成1∶1的溶液即可），适用于油污及大部分有机物的清洗，可将污染的仪器浸泡入碱缸中，然后捞出洗净即可。

（5）氢氧化钠-高锰酸钾溶液：洗去油污及有机物，洗涤后附着的MnO_2沉淀应用盐酸-亚硝酸钠溶液洗涤。

（6）尿素-盐酸洗涤液（$8\ mol\cdot L^{-1}$，pH=1）：用于洗涤蛋白质及血样等。

（7）EDTA（$1\times10^{-3}\ mol\cdot L^{-1}$）：用于清洗塑料制品内壁残余的金属离子。

（8）盐酸-乙醇：1∶2混合可用于洗涤或浸泡染色的比色皿，再用水冲洗干净即可。

（9）有机溶剂：根据相似相溶原理，选择合适的溶剂洗涤油脂、脂溶性染料以及其他有机附着物。

用以上方法洗涤后，应先用自来水将仪器完全冲洗干净，再用蒸馏水洗去附在仪器壁上的自来水，应遵循少量多次（一般洗3～4次）的原则，注意节约用水。

仪器内壁上不应附着不溶物、油污，水应顺器壁自然流下，器壁上形成一层既薄又均匀的水膜，不挂水珠不成股，表示仪器已洗干净。

1.4.3 常用仪器的干燥

一般定量分析中的烧杯、锥形瓶等均不需烘干，可直接使用，洗干净后收入实验柜中即可。确需要干燥的仪器可按以下操作进行干燥：

（1）晾干：只需一般干燥并且不急用的仪器可倒置于干净的实验柜内或专用容器架上晾干。

（2）烘干：洗净的一般容器可以放入恒温干燥箱内烘干，温度一般设置为105～110 ℃，放置容器时应注意平放或使容器口朝下，避免积水延长烘干时间。使用完毕后关闭电源及干燥箱门，禁止风机运转时长时间开着箱门。称量瓶烘干后需放入干燥器中保存。带瓶塞的仪器应打开瓶塞烘干。

（3）吹干：加一些易挥发的有机溶剂（如乙醇或丙酮）到洗净的仪器中，将容器倾斜转动，使器壁上的水和有机溶剂互相溶解、混合，然后倾倒出有机溶剂，少量残留在仪器中的溶剂会很快挥发，如果用吹风机往仪器内吹风，则干得更快。此法需保证通风良好，环境中没有明火。

（4）烤干：烧杯或蒸发皿可置于石棉网上用火烤干。

（5）带有刻度的容器不能用加热的方法进行干燥，加热会影响这些容器的准确度。

1.5 分析化学实验(预习)报告范例

进行分析化学实验之前必须先预习，预习的要求如下：明确实验目的及要求，理解实验原理、内容和方法（包括涉及的基本操作、主要仪器的使用规范），熟悉实验步骤，并写好预习报告。未预习者不得进行实验。实验前检查所需仪器和药品是否齐全。

（1）明确实验目的，查阅相关理论知识，理解实验原理、实验设计的原则。

（2）明确实验中所用仪器的种类、配制哪些溶液、制备哪些药品，以便实验前清点仪器和药品。了解仪器的操作要点、所用试剂的使用方法、注意事项。

（3）了解实验中涉及哪些基本操作、步骤如何，如样品称量、溶解、预处理、过滤，溶液的配制、移液、滴定等。

（4）按照以下模板，写出预习报告。

实验完毕后，应用专门的实验报告本或实验报告纸，根据预习和实际实验中的实验内容、步骤、现象及数据记录等，及时而认真地整理写出实验报告。实验报告是对实验的归纳总结和提炼，是实验的重要组成部分。实验报告应简明扼要、条理清晰，严格遵循实验事实。

分析化学实验报告一般应包括以下内容：

实验名称：		
实验人：　　学号：	实验日期：　年　月　日	天气：

一、实验目的

用自己的语言总结从本实验中学到的知识和掌握的实验技能。

二、实验原理

用化学反应式或图片配合简要的文字进行说明。对于滴定分析，需写明标定及滴定反应方程式，并计算出计量关系、计算公式，写明基准物质及指示剂的选择原则。对特殊仪器的实验装置，应画出实验装置图。

三、实验用品与仪器

最好列表写出所用仪器、所用药品及其浓度。

四、实验内容

应简明扼要地写出实验步骤，可按步骤分为几段。比如，一般的定量分析可以分为：①样品的制备、预处理；②溶液的配制；③标定；④测定。对于复杂的实验步骤，提倡采用流程图的形式进行描述。需详细、如实地记录所有的实验数据和实验现象。

五、实验数据记录及处理

应用表格将原始数据及分析结果条理清晰地表示出来。写明计算公式，每个物理量的含义、单位，计算出分析结果并进行有关的数据分析和误差处理。这一部分是实验报告的关键，必须认真完成，同时严格注意所有数据的有效数字。

六、讨论与反思

回答实验教材中的思考题，对实验现象、实验中有疑问之处、实验误差与精密度等进行讨论和分析，同时自己总结实践经验与教训，以提高自己分析及解决问题的能力，为以后的实验、学习及科研论文的写作打下基础。

1.6 滴定分析实验操作要点

滴定分析中用来准确量取溶液体积及质量的仪器有滴定管、移液管（吸量管）、容量瓶、分析天平、称量瓶等，其规范操作对分析结果的准确性至关重要。本部分对关键实验仪器及基本操作进行汇总（表1-4），旨在进一步规范基本操作技能，发现和纠正操作上的问题和错误，使学生正确地使用实验仪器与设备，并养成良好的实验习惯。

表1-4 关键实验仪器及正确操作

实验仪器	正确操作
分析天平	(1)取下天平防尘罩，打开电源，检查天平是否平衡 (2)称量 ①称量瓶放在洁净的表面皿上，用纸条取用； ②称量瓶带盖置于托盘的中心； ③关闭天平门窗后再读数、记录。 (3)差减法 ①手不能直接接触称量瓶； ②将适量的固体磕出，少量多次，相差不超过±0.1 g，待熟练后需控制倒样次数小于3次，时间控制在5 min以内； ③固体不能洒落在杯外。 (4)将天平打扫干净，关闭天平，套好天平罩
滴定管	(1)滴定管清洗干净，查漏，检查活塞是否灵活 (2)用滴定剂润洗3次，每次润洗液用量5 mL (3)手持滴定管倾斜，将标准溶液直接从试剂瓶倒入滴定管中 (4)赶气泡，调液面至刻度“0”处或略低 (5)滴定：注意使用滴定管及锥形瓶的手法，能根据滴定时溶液颜色变化和反应特点掌握滴定速度，能控制终点的半滴操作 (6)读数，记录数据：手持滴定管上端无溶液处，凹液面最低处与眼齐平，读数，注意估读一位数字

续表1-4

容量瓶	(1)洁净,瓶塞配套,不漏液 (2)固体完全溶解,混匀,冷却至室温,再用玻璃棒引流转移至容量瓶中,玻璃棒底部至刻度线以下 (3)转移完全,用适量蒸馏水冲洗烧杯及玻璃棒5次,不洒落、溅失 (4)用滴管小心定容至刻度线,过刻度线需重做 (5)3/4时预混匀,定容后混匀5次以上
移液管	(1)洁净,专管专用 (2)润洗前尽量吹干水分,用5 mL待吸收液润洗3次 (3)注意吸液手法,将移液管插入液面以下,以免吸空 (4)小心调节液面,使其与刻度线齐平 (5)放液:锥形瓶倾斜,移液管竖直,使尖嘴贴在锥形瓶内壁上,放液完成后停留15 s
其他	(1)指示剂选用正确、用量恰当 (2)终点颜色判断正确

1.7 分析化学实验结果的计算

1.7.1 定量分析结果的表示方法

1.溶液中待测组分含量的一般表示方法

(1)物质的量浓度c:表示单位体积所含物质的物质的量,由待测物质的物质的量n除以溶液的体积V得到,计算公式为$c = \frac{n}{V}$,单位为$mol \cdot L^{-1}$。在实际测定中,根据待测物的含量多少,有时采用单位$mmol \cdot L^{-1}$,运算时注意单位的换算。

定量分析中标准溶液的浓度常用c来表示,由基准物质的质量除以摩尔质量得到其物质的量,再除以溶液的体积V得到浓度c,用公式表示为$c = \frac{n}{V} = \frac{m}{MV}$。

在一定体积V、一定浓度c的溶液配制时,所需加入的物质的质量可由以上公式变形得到,$m = nM = cVM$;若溶液是由浓溶液稀释得到,则所取浓溶液的体积计算公式为$V_{浓} = \frac{c_{稀}V_{稀}}{c_{浓}}$。

(2)质量浓度ρ_B:表示单位体积所含物质的质量,由待测物质或溶质的质量m除以溶液的体积V得到,计算公式为$\rho_B = \frac{m}{V}$,单位为$g \cdot L^{-1}$。在实际测定中,根据待测物的含量多少,有时采用单位$mg \cdot L^{-1}$、$\mu g \cdot mL^{-1}$,运算时注意将待测组分的质量和溶液体积的单位分别进行换算。

定量分析时液体试样中待测物质的含量常用质量浓度ρ_B来表示，代表单位体积试样中待测物的质量，其中待测物质的质量由其物质的量乘以摩尔质量得到，物质的量的计算由滴定分析的计量关系得到，用公式表示为$\rho_B = \frac{m}{V} = \frac{nM}{V}$。

（3）质量摩尔浓度b_B：表示单位质量的溶剂所含物质的物质的量，由待测物质或溶质的物质的量n除以溶剂的质量m得到，计算公式为$b_B = \frac{n}{m}$，单位为$mol \cdot kg^{-1}$，多在标准溶液的配制中使用。

2.固体粉末中待测组分含量的一般表示方法

质量分数ω_B：由待测组分的质量除以样品的总质量得到，计算公式为$\omega_B = \frac{m_B}{m}$，通常以百分比的形式表示。在实际测定中，表示方法多变，比如mg·（100 g^{-1}），表示100 g样品中待测组分的含量，需根据百分比进行换算。比如质量分数为0.0003867，换算成百分数为0.03867%，表示1 g样品中待测组分的含量为0.0003867 g，则100 g样品中待测组分的含量为0.03867 g，0.03867 g可换算为38.67 mg，即100 g样品中待测组分的含量为38.67 mg。

1.7.2 定量分析结果的计算和分析

1.数据的记录及有效数字

实验中的所有原始数据应及时记录在实验记录本上，整理后写在实验报告的实验数据记录及处理部分的表格里。数据记录应实事求是，切忌随意拼凑、涂改或伪造数据。

滴定分析中测量数据的记录，应特别注意有效数字的位数。固体或液体质量的准确称量应使用分析天平，分析天平测得的数据需记录到0.0001 g；不需要准确定量的物质的称量，可根据准确度和量程选择合适的台秤，台秤测得的数据只需按台秤实际数字记录即可；无论分析天平还是台秤，测得的最后一位数据都是不准确的，在实际测量中也容易波动，因此为保证准确度，称量质量不能太小。滴定管的读数应根据刻度线再估读一位；移液管的读数直接按照所标数值读，25 mL移液管的读数为25.00 mL，20 mL移液管的读数为20.00 mL；吸量管的读数应根据刻度线读并估读一位，即记录到0.01 mL；体积的粗略量取可用量筒，根据刻度线读数并估读一位。其他仪器如分光光度计、pH计等，直接根据仪器读数记录即可。

有效数据的位数代表着准确度，尤其末尾的0不能省略，即使滴定管的起始读数为0刻度，也应该严格记录成0.00 mL。重复测定时，每次数据无论多少，均应如实记录，不能编凑数据，可疑数据均应经统计学分析判断是否应舍弃；完全相同的数据，也应如实记录下来。在实验过程中，如发现数据读错、测错或算错而需要改动时，可将该数据用横线划掉，并写上正确的数字，不能掩盖改动的痕迹。

2. 分析结果的计算示例

数据记录完整后即可计算得到分析结果，结果表示方法参考1.7.1。结果计算的关键是根据化学反应方程式中的化学计量关系得到标准溶液与待测物质之间的物质的量之比，从而由标准溶液中溶质的物质的量计算得到待测物质的物质的量，再根据物质的量除以相应的体积或质量得到相应的测定结果。示例如下：

$$aA + bB = cC + dD$$

$$\frac{a}{n_A} = \frac{b}{n_B}$$

$$n_A = \frac{a}{b} n_B \text{或} n_B = \frac{b}{a} n_A$$

以NaOH溶液（或质量为m_s的NaOH固体，假设不含其他碱性成分）的含量测定为例，可以称取一定质量的邻苯二甲酸氢钾m_{KHP}或量取一定体积V_{HCl}、浓度c_{HCl}的HCl标准溶液，用NaOH溶液进行滴定，根据消耗NaOH溶液的体积V_{NaOH}，计算得到NaOH的含量：

$$KHP + NaOH \xlongequal{} NaKP + H_2O$$

$$n_{NaOH} = n_{KHP} = \frac{m_{KHP}}{M_{KHP}}$$

NaOH溶液的含量：

$$c_{NaOH} = \frac{n_{NaOH}}{V_{NaOH}} = \frac{n_{KHP}}{V_{NaOH}} = \frac{m_{KHP}}{M_{KHP}V_{NaOH}}$$

NaOH固体的含量：

$$\omega_{NaOH} = \frac{m_{NaOH}}{m_s} = \frac{n_{NaOH}M_{NaOH}}{m_s} = \frac{n_{KHP}M_{NaOH}}{m_s} = \frac{m_{KHP}M_{NaOH}}{M_{KHP}m_s}$$

$$HCl + NaOH \xlongequal{} NaCl + H_2O$$

$$n_{NaOH} = n_{HCl} = c_{HCl}V_{HCl}$$

NaOH溶液的含量：

$$c_{NaOH} = \frac{n_{NaOH}}{V_{NaOH}} = \frac{n_{HCl}}{V_{NaOH}} = \frac{c_{HCl}V_{HCl}}{V_{NaOH}}$$

NaOH固体的含量：

$$\omega_{NaOH} = \frac{m_{NaOH}}{m_s} = \frac{n_{NaOH}M_{NaOH}}{m_s} = \frac{n_{HCl}M_{NaOH}}{m_s} = \frac{c_{HCl}V_{HCl}M_{NaOH}}{m_s}$$

以上为单一一次测定的数据的计算，在定量分析中常测定至少3次，须分别进行计算得到多次测定的数据，即x_1，x_2，…，x_n。同时测定的多个数据中，若某一个测定数据跟其他数据偏离较远，则为可疑值。当确定该组数据存在操作失误、过失等问题时，则将该组数据舍弃，否则应根据数据的统计检验方法进行分析。常用的排除异常数据的方法有4$\bar{d}$法、格鲁布斯法、Q检验法，详细检验方法请查阅分析化学教材。

3.分析结果的表示及精密度的确定

在排除异常数据的基础上，以平均值$\bar{x}$表示测定结果。

分析结果通常以多次结果的平均值表示：

$$\bar{x} = \frac{x_1 + x_2 + \cdots + x_n}{n} = \frac{\sum x_i}{n}$$

此外，还需计算这些数据的相对偏差、平均偏差、标准偏差等，来衡量数据的精密度。

相对偏差：

$$d_i = \frac{x_i - \bar{x}}{\bar{x}} \times 100\%$$

平均偏差：

$$\bar{d} = \frac{\left|x_1 - \bar{x}\right| + \left|x_2 - \bar{x}\right| + \cdots + \left|x_n - \bar{x}\right|}{n} = \frac{\sum\left|x_i - \bar{x}\right|}{n}$$

相对平均偏差：

$$\overline{d_r} = \frac{\bar{d}}{\bar{x}} \times 100\%$$

标准偏差：

$$s = \sqrt{\frac{\sum(x_i - \bar{x})^2}{n - 1}}$$

相对标准偏差：

$$\overline{s_r} = \frac{s}{\bar{x}} \times 100\%$$

一般在分析化学中，相对偏差、平均偏差和相对标准偏差保留一位有效数字即可。

基础实验中一般涉及数据个数较少，计算简便，可用计算器进行计算。对大宗数据，一般使用EXCEL等数据处理软件在计算机上进行处理。其他有关实验数据的统计学知识，如误差、有效数字运算法则、显著性差异的检验、置信度与置信区间等，可参考有关分析化学教材和专著。

第2章　分析化学实验的主要仪器及操作方法

2.1　常见实验仪器与使用

2.1.1　台秤与分析天平

分析化学实验中，常见物质质量的测定主要通过台秤或分析天平来完成。二者主要不同点在于精密度不同，导致操作方法也不同。分析天平精密度高，价格高，用于待测样品、基准物质等的准确测定，操作要求繁杂；台秤用于不需要准确定量的物质质量的测定，如溶液的粗略配制等，操作相对简单。本部分主要介绍分析天平的使用方法，台秤使用较为简单，只作简单介绍。

一般分析天平精密度为0.1 mg，微量分析天平为0.01 mg，超微量分析天平为0.001 mg，可分别称为万分之一的天平、十万分之一的天平、百万分之一的天平。分析天平的最大量程一般为100～200 g。

1.分析天平的操作步骤

（1）水平调节：在使用前首先检查天平是否水平，即水平仪中气泡是否位于中心，如果气泡不位于中心，需要先调节天平座下的水平调节脚。气泡偏向的一方表示该方位偏高，如偏向左侧，则代表左侧高，应将该侧调低或将另一侧调高。若难以调节，则应检查所在台面是否水平，将天平挪到水平处，将两侧调节脚全部调至最低再重新调节。

（2）预热：为了保证测定的准确度，天平长时间断电后应开机预热30 min，这样才能保证天平达到正常工作温度。

（3）天平校准：新安装及长时间未用的天平，若没有内校准功能，应使用天平配带的标准质量的砝码进行校准。

（4）称量：按下TAR键，天平显示0.0000 g后，将待测物体放置在托盘的中心，关上天平门窗，待右下角的“0”熄灭后，所显示的数字即为待测物品的质量。

（5）关机：使用完毕后，关闭电源，拔下电源插头。将天平打扫干净，套上防尘罩。

2.天平使用应注意的事项

（1）天平使用时应避免振动、气流等对天平的影响，使用时应关闭实验室门，室内保持整洁、干燥、温度恒定。

（2）天平取放物体从侧门进行，顶门及前门仅在检修、清洁时使用。推拉天平门要轻，以免损坏仪器或造成仪器移动（天平移动后须重新调节水平仪）。称量时必须关好天平门，以免受气流影响示数波动。

（3）易挥发、腐蚀性药品应在密闭容器中称量。

（4）天平内不小心洒落的药品要及时清理，必要时可用乙醇等有机溶剂擦拭。

（5）天平内的变色硅胶失效后应及时更换。

（6）称量过热或过冷的物品时，必须等温度恢复到室温后进行。

天平常见故障原因及排除方法如表2-1所示。

表2-1　天平常见故障原因及排除方法

故障	原因	排除
显示器无显示	未接通电源	接通电源
	变压器未接或松动	连接好变压器
显示器显示正常，调整校正后不显示	放置天平的桌面不稳定	将天平放置在稳定水平的位置
	天平未达到内校稳定	关闭防控罩、门窗，等待天平达到内校稳定
显示器显示“H”	超载	为天平卸载
显示器显示“L”或“Err 54”	秤盘或底盘未装好	装好秤盘或底盘
称量结果不断波动	振动太大，天平门窗未关闭，天平室内有空气对流	关闭天平门窗，必要时关闭门窗
	药品本身吸潮、蒸发等导致质量变化	放在密闭容器中称量
	天平秤盘下有杂物	将秤盘取下，注意将边缘的杂物小心清理干净，切记不要让杂质掉入，不要触碰天平轴承
称量结果明显错误	天平未调水平	调天平水平仪至水平
	天平未校准	校准天平
	称量前未清零	清零后重新称量

2.1.2　酸度计

1.酸度计的原理

酸度计也称pH计，可用来测定溶液中氢离子的活度，采用的电极为氢离子选择性电极（若采用其他离子的选择性电极，则可以测定其他相应离子的活度）。

氢离子选择性电极一般为玻璃电极，玻璃电极下端为一玻璃球泡，球内为一定H^+

浓度的内标准溶液（一般为0.1 mol·L^{-1}的HCl溶液）。玻璃电极与Ag/AgCl参比电极组成pH复合电极。pH复合电极的电极电位随溶液pH的变化而变化。

pH复合电极作为工作电极，饱和甘汞电极或Ag/AgCl作为参比电极，组成工作电路，用于测定溶液的pH或电极电位。参比电极的电极电位为定值，随溶液pH的变化保持恒定。因此，两电极的电位差与工作电极有关，工作电极的大小又与溶液pH有关，推导公式如下：

$$E = K' + \frac{T}{298} \times 0.059\text{pH}$$（K'为常数，T为热力学温度，单位为K）

因此，pH计既可以测定pH，也可以测定E，有pH和E两个测定模式。pH计用于未知溶液pH的测定，也可用于电位滴定。

2.酸度计的操作步骤

（1）开机：安装好支架、电极、烧杯（电位滴定还需固定好滴定管），接通电源及连接线，仪器开机预热半小时后使用。

（2）校正：一点校正，即只用一种标准缓冲溶液进行校正的方法，可在精密度要求不高的情况下使用；两点校正是选用两种缓冲溶液进行校正的方法，校正的精密度更高。一般采用两种标准缓冲溶液对进行校正。步骤如下：

①将“pH/mV”波段开关旋至pH挡，温度按钮调节至溶液实际温度，“斜率”按钮顺时针旋转到100%。

②用蒸馏水清洗电极，并将电极上的水蘸干，然后将电极没入标准缓冲溶液1中。

③调节“定位”按钮，使仪器读数与该缓冲溶液在当前温度下的pH一致。

④清洗电极，没入另一种标准缓冲溶液2中，调节“斜率”按钮，使仪器读数与缓冲溶液2在当前温度下的pH一致。

⑤重复③和④直至不需再调节“定位”和“斜率”按钮为止，仪器标定完成。

⑥用蒸馏水清洗电极，进行测定。

注意，标定后，“定位”及“斜率”按钮不能再移动。标定溶液的pH区间应与待测样品的pH范围相符。

（3）测定：

①用蒸馏水清洗电极，再用被测溶液润洗。

②将电极插入待测溶液中，用玻璃棒搅拌使溶液混匀（电位滴定仪中一般配备磁力搅拌，滴定中每次滴入溶液后，应稍等片刻，待读数稳定后再读数），读数稳定后即为待测溶液的pH。

（4）还原仪器：仪器使用完后，关闭电源，将电极清洗干净，套好专用保护罩。

3.酸度计的注意事项

（1）玻璃电极保质期为一年，出厂一年内无论是否使用都应及时更换。

（2）第一次使用或长期未使用的电极，使用前需在3 mol·L^{-1}的氯化钾溶液中浸泡

24 h。

2.1.3　紫外-可见分光光度计

分光光度计分为红外分光光度计、紫外-可见分光光度计、可见分光光度计等，也称为分光光度仪或光谱仪。可见分光光度计适用于可见光区有吸收的化合物的光谱分析。使用步骤如下：

1. 仪器预热

连接电源开关，打开样品室门，将样品池推到底。按“方式选择（mode）”键，选择透射比（T/%）模式，仪器显示数字即为正常。预热30 min。

2. 调100.0%和0.00%

调节波长旋钮至测定波长，将装有参比溶液的比色皿放入样品池最里面一格，再依次放入待测样品（比色皿透明一面放入光路中，手拿毛玻璃一面）。将样品池拉杆推到底，将参比溶液推入光路，在透射比模式下，按100.0% T键，读数显示为100.0；打开样品室门，按0.00% T键，读数显示为0.00。重复这两次操作，使仪器显示稳定。

3. 测定

将样品池拉杆移动一格，现光路中为第二个格里面的样品。在透射比模式下，此时显示的即为该样品的透射比。在定量分析中，通常需要测得吸光度，只需将测定模式切换至吸光度（A或Abs），显示的读数即为该样品的吸光度。

测定其他样品时，只需将拉杆继续往外拉。样品池全部测定完成后，打开更换其他样品。参比溶液相同，测定波长相同，无须重复调100.0%和0.00%。

若更换参比溶液或测定波长，则需按步骤②和③重新调100.0%和0.00%，再进行测定。

4. 关闭仪器

关闭电源，清洗比色皿，盖上仪器防尘罩。用过的比色皿应注意不能跟其他比色皿调换，即使同一厂家同一规格的比色皿也不能混用。

2.2　滴定分析基本操作

2.2.1　滴定管

滴定管是用于滴加溶液并能准确确定溶液体积的玻璃仪器。滴定管的管身为内径均匀、带有刻度线的细长玻璃管，管的下端为一玻璃尖嘴，中间通过玻璃活塞或乳胶管（内装有玻璃珠）连接，起到控制液体流出速度的作用。滴定管的容量有大有小，包括1 mL、2 mL、5 mL、25 mL、50 mL、100 mL等规格，最常用的是25 mL、50 mL两种规格。本书着重介绍的滴定管的容量为25 mL，最小刻度为0.1 mL，可估读到0.01 mL。

滴定管分为酸式滴定管和碱式滴定管两种。酸式滴定管中间通过玻璃活塞连接，由于碱性溶液对活塞有腐蚀作用，因此酸式滴定管只能用于装酸性、中性及氧化性溶液。碱式滴定管中间通过乳胶管连接，管内有一粒大小适中的玻璃珠，以控制溶液的流出，乳胶管易老化，需及时更换。由于乳胶管易被酸性物质、氧化性物质腐蚀，因此碱式滴定管只能装碱性溶液及非氧化性溶液，高锰酸钾、硝酸银、碘等溶液均不能装入。目前市售的还有活塞为聚四氟乙烯材料的滴定管，聚四氟乙烯材料具有耐酸、耐碱、耐腐蚀的特点，可同时克服上述酸式滴定管和碱式滴定管的缺陷，是一种通用型的滴定管。以下将着重介绍酸式滴定管及碱式滴定管的使用。

1.滴定管的检漏

（1）酸式滴定管：首先旋转活塞，检查是否灵活、是否配套，然后检查是否漏水，称为检漏。检漏的具体操作方法为：将玻璃活塞关闭，在滴定管中装满自来水或蒸馏水至零刻度线以上，垂直夹在蝴蝶夹上固定，静止2 min，用干燥的滤纸擦拭滴定管的尖嘴和活塞两端密封处，检查是否有水珠渗出；将活塞旋转180°，静止2 min，再次检查是否有水渗出。若不漏水且活塞旋转灵活，即可使用，否则应该将活塞取下擦干水分，重新涂抹凡士林或真空脂。

涂抹凡士林是酸式滴定管使用中一项重要的基本操作。涂抹方法如下：先将活塞上的橡皮筋取下，将滴定管的活塞拔出，用滤纸将活塞和活塞槽内的凡士林及水分全部擦干净，然后用玻璃棒蘸取少量凡士林均匀涂抹于旋塞孔的两侧（图2-1），并用手指将其涂抹成一层均匀的薄膜，注意涂抹凡士林时应避开活塞孔的位置，且涂抹的凡士林不能太厚，以免凡士林堵塞活塞孔。将涂抹好凡士林的活塞沿与滴定管平行的方向直接插入活塞槽中，不要旋转，以免将凡士林挤压到活塞孔及滴定管中，活塞完全插入活塞槽，手指向口径小的一侧稍用力压住活塞柄，再沿一个方向不断旋转活塞，直至活塞上的凡士林呈透明状。凡士林不能涂得太多，否则会有凡士林从活塞槽挤出、堵塞活塞孔、堵塞滴定管的现象出现；若凡士林涂得过少，又会出现活塞转动不灵活、不能完全润滑活塞与活塞槽的现象，表现为出现纹路、起不到密封的效果。若出现上述两种情况之一，必须将活塞和活塞槽擦拭干净后重新涂抹凡士林。涂抹完凡士林后，为防止滴定管使用过程中活塞从活塞槽中脱出的现象，必须在旋塞套的小头一端凹槽上套上一个小橡皮套或缠绕上橡皮筋，在套橡皮套或橡皮筋时，要用手指压住活塞柄，以防活塞松动。整个过程完成后，活塞旋转灵活、不漏水，即可使用。

（2）碱式滴定管：检查橡胶管是否老化、玻璃珠大小是否合适。橡胶管老化应及时更换，玻璃珠偏大会导致操作不便、滴液困难，玻璃珠过小会导致漏液，因此需要选择内径合适的橡胶管，并配以大小合适的玻璃珠。检漏方法如下：将碱式滴定管装满自来水至零刻度线以上，竖直放在蝴蝶夹上2 min，用滤纸检查尖嘴处是否有水滴渗出。若滴定管尖有水漏出，则需将橡胶管和玻璃珠进行更换。

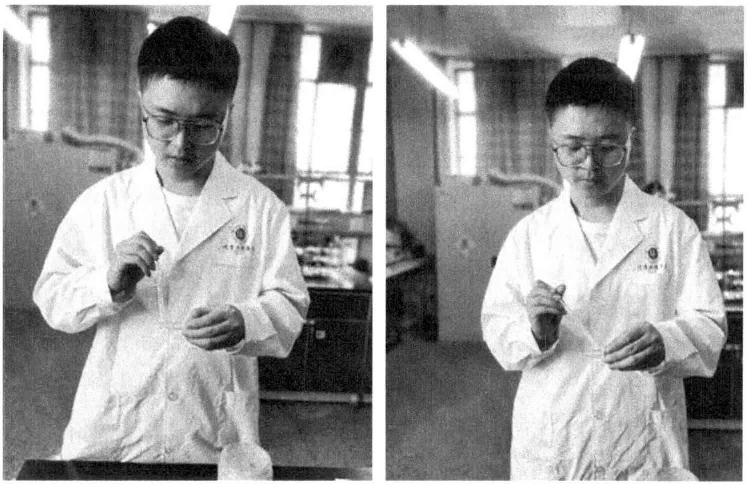

图2-1 旋塞涂抹凡士林

2. 洗涤

检漏完成后，滴定管按以下顺序选择清洗方法：

（1）较为洁净的，用自来水冲洗。

（2）滴定管刷蘸取合成剂刷洗，注意铁丝部分不能碰到滴定管壁。

（3）以上方法均不能洗净时，用铬酸洗液清洗：先将酸式滴定管中水分沥干，倒入约10 mL的铬酸洗液，双手手心朝上捏住滴定管，边转动边缓慢倾斜至放平管身，使洗液湿润整个滴定管内壁，同时将滴定管管口对着洗液瓶口，避免洗液洒出。清洗完毕后，将洗液从管口和活塞两处放回洗液瓶中。若滴定管仍难以清洗，可用洗液浸泡。酸式滴定管尖嘴中的凡士林，可用热水或者热洗液浸泡，等冷却后再用蒸馏水洗净。碱式滴定管用铬酸洗液进行清洗时，需取下乳胶管和尖嘴，用胶头堵住滴定管下管口，再倒入洗液，按与酸式滴定管相同的清洗方式进行清洗，尖嘴和玻璃珠在小烧杯中用洗液浸泡。碱式滴定管若需浸泡，可将滴定管倒置夹在蝴蝶夹上，管口插入洗液中，乳胶管处连接抽气泵，捏住玻璃珠吸取洗液至充满全管但不接触乳胶管，松开玻璃珠使其浸泡。浸泡完毕，将洗液缓缓放回洗液瓶。

（4）其他难以清洗的污垢，可参考常规玻璃仪器的清洗方法，选用针对性的洗液进行清洗。

（5）用洗液清洗完毕后，应分别用自来水、纯净水依次洗涤3次。碱式滴定管冲洗时，应捏住玻璃珠并不断改变方向，使碱式滴定管的四周都清洗干净。

3. 装液，排出气泡

装液前应将试剂瓶或容量瓶中的溶液摇匀，使容器内壁上凝结的水珠混入溶液中，保证装入滴定管的标准溶液的浓度固定不变、不被稀释。混匀后的溶液应从容量瓶或试剂瓶直接倒入滴定管中，不得借助烧杯、漏斗、滴管等进行转移。装液时左手前三指应手持滴定管无刻度处，稍微倾斜，右手手持容量瓶或试剂瓶将溶液沿滴定管内壁倒入滴定管。大试剂瓶单手难以操作的，可手持瓶颈倾斜将溶液沿内壁倒入。装液前应使用待装溶液润洗滴定管3次，每次用5 mL。润洗方法与铬酸洗液洗涤滴定管相似，将滴定管倾斜转动使待装溶液完全润湿内壁，润洗液大部分从上管口倒出，剩余部分从下管口放出，以润洗下管口部分。特别需要注意碱式滴定管尖嘴部分的润洗。润洗完成后，即可保证滴定管中每次所盛放的溶液与试剂瓶中溶液的浓度相同。

润洗完成后可进行装液，将待装溶液从滴定管的上管口直接加入至零刻度线以上。装满后，检查滴定管尖嘴及橡胶管内是否有气泡或未充满的地方，若有气泡或未充满的情况，应排出气泡，使整个滴定管刻度线以下部分完全充满，否则将造成测量误差。酸式滴定管排出气泡的方法是：装满标准溶液后迅速打开下端活塞，并上下抖动滴定管管身，使气泡快速冲出。而对于碱式滴定管，排出气泡的方法是：用右手捏住滴定管上端，左手的拇指和食指轻轻捏挤玻璃珠位置，同时将尖嘴向上翘起，流动的液体可将气泡带走（图2-2）。注意捏挤橡胶管时不要用力过大，不要触碰橡胶管其他位置，以防气泡重新进入滴定管中。排气泡时需准备接液容器，不得使溶液溅在实验台上。若气泡难以排净，则管内可能附着有污垢，需重新清洗干净，再进行以上操作。排气泡完成后，将待测溶液重新加入滴定管至零刻度线并读数（可稍低于零刻度线）。

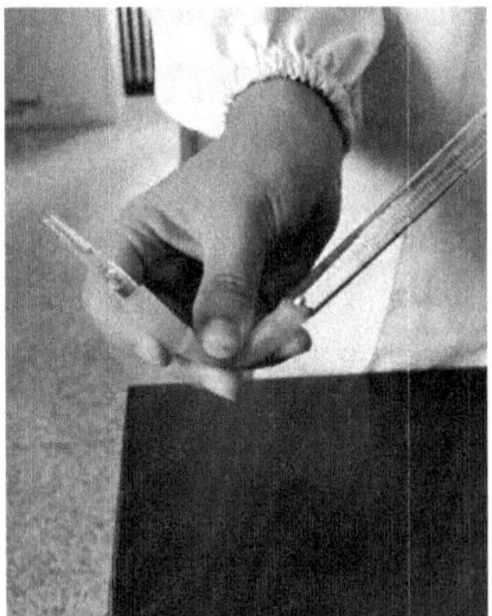

图2-2　碱式滴定管排气泡

4. 读数

滴定管的读数是滴定分析中重要的定量分析结果的来源，也是分析结果的主要误差来源之一。滴定管的读数对滴定分析至关重要，注意事项如下：

（1）读数时应将滴定管从蝴蝶夹上取下，用拇指和食指捏住滴定管上端无刻度处，使滴定管悬直下垂，以免在蝴蝶夹或滴定管架上不垂直造成液面倾斜而带来误差。

（2）无色、浅色溶液有清晰的凹液面，视线与凹液面的最低点保持水平相切即可读数。视线偏高（即俯视）会使读数偏小，视线偏低（即仰视）会使读数偏大。而高锰酸钾溶液、碘液等颜色较深的溶液没有明显的凹液面，读数时视线应与溶液上沿或液面两侧最高点保持一致（图2-3）。

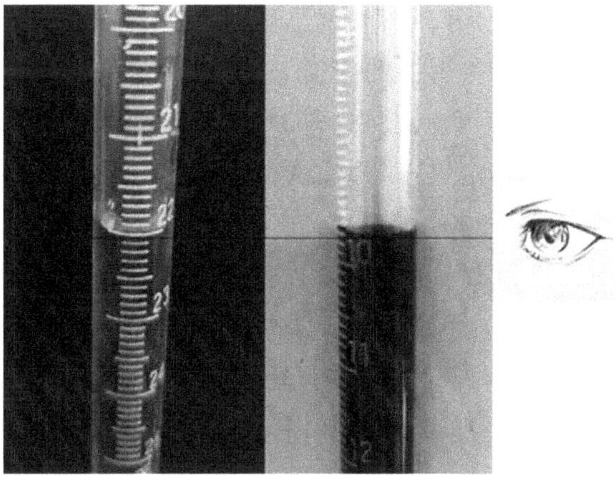

图2-3　读数

（3）读数前应等待1～2 min，使附着在滴定管内壁的标准溶液完全流下，液面稳定不变再进行读数。

（4）每次读数前均应检查滴定管的尖嘴内、酸式滴定管的活塞内、碱式滴定管的橡胶管内是否有气泡，并检查尖嘴是否有液滴悬挂。

（5）应根据滴定管的刻度线读数并估读一位，所有数字均为×.×× mL的形式。以25.00 mL的滴定管为例，注意滴定管的最上端刻度为0.00 mL，下面为25.00 mL，每一个大格为1.00 mL，小格为0.10 mL，根据凹液面的最低处切线所处的位置进行估读，若切线的位置刚好与刻度线19.8 mL重合，则估读为19.80 mL，若位于19.8 mL与19.9 mL刻度线之间，则按以下方法灵活进行估读：若切线位于两刻度正中间，则估读为19.85 mL；若位于距离上刻度线1/3或2/3处，则估读为19.83 mL或19.87 mL；若位于距离上刻度线1/5或4/5处，则估读为19.82 mL或19.88 mL；若与上下刻度线似切非切，则估读为19.81 mL或19.89 mL。

（6）有“蓝带”的滴定管，此时会出现两个弯月面，两个弯月面在蓝线上的交点即为读数。

（7）为了便于读数，可在滴定管的背面衬一黑色纸片或读数卡进行读数。读数时将读数卡的上边缘置于弯液面下方1 mm处，弯月面反射层将呈黑色，黑色弯液面的最低处即为读数。有色溶液用白色读数卡，读有色溶液两侧的最高点。

（8）每一个测定数据的获得，都需经过两次读数，即滴定开始前的起始读数（或者零点读数）及滴定终点的读数。滴定管排出气泡后，重新调节零点即可开始读数，作为零点读数。零点没必要严格控制在零点处，注意有效数字如实记录即可。

（9）为避免滴定管的刻度不绝对均匀带来的误差，要保证使用滴定管的同一部位进行读数，每一次结束均应该把滴定管重新加满至刻度线，如实记录零点，再开始第二次滴定。

5.滴定

（1）铁架台的位置、滴定管和锥形瓶的高度调节：

将装好标准溶液并调好“零点”的滴定管垂直地夹在固定于铁架台上的蝴蝶夹上，

下面可放置白色瓷片或纸片，便于观察滴定过程中的颜色变化。滴定开始之前，必须先确定铁架台的位置、滴定管和锥形瓶的高度。铁架台的前沿需距离桌面的前边沿10～15 cm，滴定时锥形瓶的瓶底应该比实验台高2～3 cm，滴定管的管尖在滴定过程中应伸入锥形瓶的瓶口约1 cm。滴定时，左手操作滴定管，右手握住锥形瓶并不断摇动。

（2）滴定管的操作：

使用酸式滴定管时，将滴定管的活塞柄转向右侧，左手握住滴定管的活塞，无名指和小指向手心弯曲靠在尖嘴上，其他三个手指控制活塞：大拇指在前，食指、中指在后握住旋塞，称为"反扣法"。转动活塞时，手指控制活塞稍微向手心使劲，并注意手掌不要顶住活塞，防止滴定过程中活塞从活塞槽中松动或脱落，在整个滴定过程中左手不能离开活塞（图2-4）。

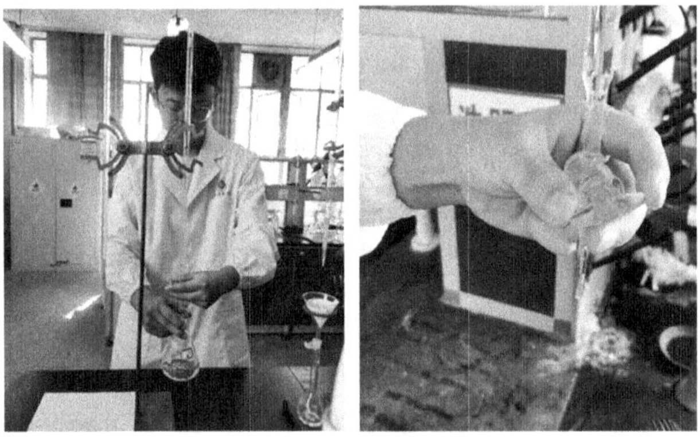

图2-4 酸式滴定管的操作

使用碱式滴定管时，仍然用左手握住滴定管，左手大拇指在前、食指在后，用指尖捏住玻璃珠所在位置稍上处，无名指和小指夹住管尖以起到固定作用。向左侧或右侧挤压玻璃珠，使乳胶管内壁和玻璃珠之间形成一条细小的缝隙，溶液即可流出。注意在挤压玻璃珠时不要挤压玻璃珠的中部或下部，也不要触碰玻璃珠下面的乳胶管，以免空气进入尖嘴形成气泡，造成滴定体积测量误差（图2-5）。

图2-5 碱式滴定管的操作

（3）锥形瓶的摇动：

右手握住锥形瓶瓶颈，大拇指在前，食指和中指在后，无名指和小拇指自然弯曲朝向手心，靠在锥形瓶前侧，手腕放松，锥形瓶瓶口保持水平（大拇指在前，其余四个手指在后握住锥形瓶也可以）。滴定时使滴定管尖嘴尽量在锥形瓶瓶口正中心，并伸入锥形瓶1～2 cm左右为宜，左手操控滴定管滴定，右手同时摇动锥形瓶。摇动锥形瓶时尽量用手腕，使锥形瓶里的液体沿顺时针方向做圆周运动。摇动锥形瓶时，胳膊不要晃动，否则摇动幅度过大，也不要左右振荡，谨防溶液溅出（如果有溶液溅出的情况，应重新进行滴定），更不能使锥形瓶静止不动。

（4）滴定速度的控制：

滴定速度的控制直接影响着滴定终点的观察和判断，是实验成败的关键。一般情况下，滴定开始时，滴定速度可适当地放快一点（视具体滴定不同有差异，滴定反应发生得慢，滴定速度就要放慢），其滴定的快慢程度可以用“呈滴不呈股”来说明，必须呈滴但不能使滴定剂呈股流下。滴定时，左手控制滴定速度，右手摇动锥形瓶，仔细观察滴定剂滴入锥形瓶的瞬间滴入点周围的颜色变化。在滴入点附近滴定剂滴入的瞬间会出现滴定终点的颜色，但很快褪去，随着滴定剂的不断加入，滴定剂加入瞬间的颜色褪去的速度越来越慢，这时必须放慢滴定速度，需逐滴加入滴定剂，边滴边摇，必须等颜色完全褪去才能加入下一滴。至滴定剂加入一滴后需振摇几下颜色才褪去，此时滴定剂应半滴半滴地加入，当溶液颜色显示滴定终点的颜色且半分钟内不褪色时，即到达滴定终点，应立即停止滴定并读数。

控制半滴半滴滴定的操作方法是：微微旋转酸式滴定管的活塞或轻轻挤压碱式滴定管的玻璃珠，使滴定剂缓缓流出，并有液滴悬挂在管口；将尖嘴小心伸入锥形瓶，倾斜锥形瓶，将悬挂液滴的尖嘴轻靠在锥形瓶内壁上，使悬挂的溶液沿锥形瓶内壁流入其中，再用洗瓶将瓶壁冲洗干净（或者直接用洗瓶将半滴溶液吹入锥形瓶中）。这就是半滴的准确操作，关系着终点的控制，应反复练习。

在烧杯中进行滴定时，应将烧杯放在白瓷板上，调节滴定管的高度使尖嘴伸入烧杯1 cm。滴定管尖嘴应位于烧杯中心偏左后侧的位置（远离实验者的方向为后），但不能与烧杯内壁太近。右手拿玻璃棒在右前侧搅拌。滴定过程中，左手控制滴定管，右手持玻璃棒做圆周运动，但玻璃棒不能触碰烧杯壁及杯底。半滴操作时，用玻璃棒触碰液滴使其流下，但不能触碰滴定管尖嘴。

滴定结束后滴定管中剩余的液体按废液处理，不能倒回原容器。滴定管使用完后及时进行清洗，放置在滴定管架上。

2.2.2 移液管与吸量管

移液管和吸量管是两种用于准确移取一定体积液体的量出式容量分析仪器。移液管和吸量管在外观上有明显差别且二者有不同的用途，移液管是一根中部膨大的细长玻璃管，上有一环形标线，只能移取一个准确体积的溶液；吸量管是具有分刻度线的玻璃管，可准确移取小于或等于最大体积的不同体积的溶液。两者均不得放在烘箱中加热烘烤。移液管上标有“容积”“温度”“Ex”“快”或“吹”等字样，代表在所标温度下移取液体的体积为所标容积，俗称“大肚移液管”，正规名称为“单标线吸量管”。常用的移液管的规格有5 mL、10 mL、25 mL、50 mL多种，其精密度一般高于“分刻度吸量管”。

吸量管上刻有分刻度，正规名称为“分刻度吸量管”。吸量管上同样标有“容积”“温度”等字样，此时容积代表在所标温度下吸量管能吸取的最大体积。吸量管有1 mL、2 mL、5 mL、10 mL等规格。例如，5 mL吸量管可吸取1～5 mL的溶液。

移液管和吸量管分“快流式”和“吹式”两种。前者管上标有“快”字样，在注明温度下，调节溶液至凹液面与刻线相切，再让溶液自然流出，并让移液管尖嘴在接收溶液的容器内壁靠15 s左右，则溶液体积为管上所标注的容积。这时移液管和吸量管的尖嘴还留有少量溶液，但不必将残留溶液吹出，因为残留溶液已在仪器校正过程中得以校正。而后者“吹式”移液管则和吸量管正好相反，管上标有“吹”字样，使用时需要将最后残留在尖嘴的残余溶液全部吹出。注意，用移液管或者吸量管移取溶液时，必须“绕内壁转三圈”和“自转三圈”，具体将在以下使用操作中介绍。

1. 润洗

移液管和吸量管的洗涤可参考滴定管的洗涤方式。移液管和吸量管既可以吸取少量铬酸洗液洗涤，也可以将其浸泡在铬酸洗液中洗涤。洗涤干净后，将铬酸洗液沥干，分别用自来水、蒸馏水洗涤3次，用滤纸将移液管或吸量管外壁水分擦干，并将尖嘴残留的水吸尽，然后用待吸取的溶液润洗3次，以除去管内残留的水分，保证吸取溶液的浓度不被水稀释。

移液管（吸量管）的润洗方法是：左手拿洗耳球，食指和拇指放在洗耳球的上方，其余手指自然握在洗耳球上；右手拿移液管（吸量管），右手的拇指和中指捏住移液管刻度线以上的位置，无名指和小指辅助拿住移液管；将移液管（吸量管）浸入待装溶液液面以下1～2 cm处，用洗耳球对准移液管口，吸取溶液进入至移液管大概1/3处，迅速用右手食指堵住管口（注意：食指封严，不能让吸入的溶液回流而稀释所移取溶液）。然后取出移液管，并将其缓慢倾斜，双手托住移液管两端，转动移液管使溶液浸湿整个移液管内壁（注意：管口处可放置一个烧杯），然后慢慢将移液管竖立起来，使溶液从下端尖嘴排出至收集废液的烧杯中。如此反复吸取3次。例如25 mL移液管，可以使用5～10 mL溶液润洗3次。润洗后进行移液可保证移液管或吸量管移取的溶液与原溶液浓度相同。

2. 移取

移液的具体操作手法与润洗相同。步骤如下：

（1）将移液管浸入液面以下1～2 cm处，浸入太浅容易出现吸空，浸入太深又会使管外壁黏附过多的溶液，影响移取溶液的准确度（如果移取容量瓶中的溶液，则应该将移液管插入到容量瓶的大肚处。）

(2) 左手先将洗耳球中的空气挤掉，然后将洗耳球尖嘴对准移液管口，缓慢放空洗耳球，让溶液吸入移液管内，为防止吸空，移液管应随液面下降而下降，如图2-6左图所示。

(3) 当移液管中液面上升至刻度线以上时，迅速移开洗耳球并用右手食指堵住管口，左手改拿盛放待吸收液的容器。

(4) 移液管保持垂直，下端尖嘴紧贴在容器内壁，微微松动右手食指并轻轻来回转动移液管，使液面缓慢下降至凹液面的最低点，与刻度线齐平后，立即用食指堵住移液管口，不得松动。用事先准备的滤纸片擦干移液管下端外壁所黏附溶液，此时管尖不得有气泡，也不得悬挂液滴。

(5) 左手放下盛放待吸收溶液的容器，改拿接收溶液的容器（通常为锥形瓶或容量瓶），将接收溶液的器倾斜约30°，移液管保持竖直置于接收溶液的容器（如锥形瓶）中，尖嘴紧贴容器内壁，如图2-6右图所示。

(6) 松开右手食指，使溶液自由流下，待溶液全部流出后，继续等待15 s，将移液管沿锥形瓶内壁转3圈后取出移液管。

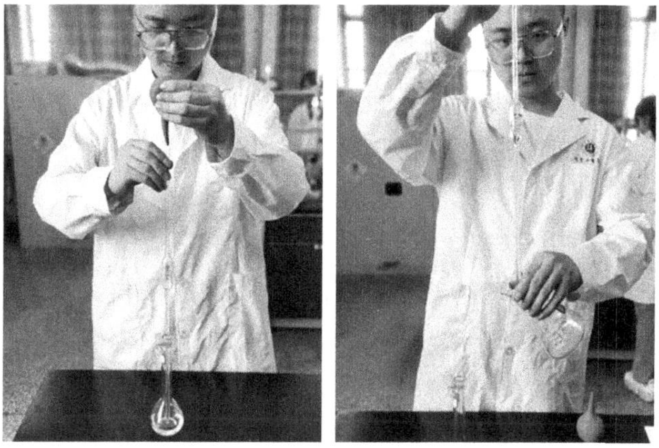

图2-6　用移液管吸取（左）和放出（右）溶液

吸量管的使用方法与移液管基本相同，应注意的是，吸量管的准确度不如移液管，在进行标准溶液的移取时最好用移液管；在平行实验中，应尽量使用同一支吸量管的同一段，并应尽量避免使用末端收缩部分；另外，应注意吸量管的容积与刻度线，避免量取错误。

2.2.3　容量瓶

容量瓶是一种细长颈、梨形肚的平底玻璃瓶，常带有磨口玻璃塞。颈上有标线，瓶上刻有“容积”“温度”“In”等字样，In表示容量瓶是量入式容量分析仪器（Ex表示量出），表明在标明温度下，当容量瓶中溶液凹液面最低处与标线齐平时，容量瓶内的溶液体积刚好与标示体积相等。容量瓶一般用来配制标准溶液、待测试样溶液和定量稀释溶液。常用的容量瓶规格有5 mL、10 mL、25 mL、50 mL、100 mL、250 mL、500 mL等。

容量瓶主要用于配制准确浓度的标准溶液，常和移液管一起使用，可将标准溶液不断稀释，得到一系列浓度的标准溶液。容量瓶不能长久储存溶液，尤其是不能长久储存碱性溶液，否则会导致瓶塞无法打开。长时间保存溶液，会导致容量瓶难以清洗，配制完成后应将溶液及时转移至试剂瓶中储存。

容量瓶的操作步骤如下：

1.检漏

容量瓶使用前，应先检查是否漏水。方法如下：装入自来水至标线附近，盖好瓶塞，左手拿住瓶颈上端并用食指按住瓶塞，右手托住瓶底边缘，倒立2 min，观察瓶塞周围是否有水渗出，若不漏水，将容量瓶直立，转动瓶塞180°，再倒立2 min，若仍然不漏水，即可使用。容量瓶瓶塞容易混淆、遗失或打碎，所以应将瓶塞用橡皮筋绑在容量瓶的瓶颈上。

2.洗涤

容量瓶与移液管、滴定管等精密仪器的洗涤要求基本一致，可用合成洗涤剂或铬酸洗液洗涤，洗净污垢后依次用自来水、蒸馏水洗涤3遍后使用。

3.溶液的配制

若用固体配制溶液，应先将准确称量的固体物质在小烧杯中溶解，然后再将溶液定量转移到容量瓶中。转移时，右手拿玻璃棒，将其伸入容量瓶中，下端轻靠容量瓶内壁并倾斜；左手拿烧杯，使烧杯嘴紧贴玻璃棒，并小心倾斜烧杯，使烧杯中溶液沿玻璃棒缓缓流入容量瓶中，溶液全部转移完后，应将烧杯轻轻沿玻璃棒上提，同时将烧杯直立，使附着在玻璃棒与烧杯嘴之间的溶液流回烧杯内或沿玻璃棒流入容量瓶中（图2-7）。注意，不能直接将烧杯从玻璃棒上拿开，否则残留在玻棒和烧杯嘴中间的液滴可能洒落，实验需重做。然后用适量的蒸馏水冲洗烧杯和玻璃棒3～4次，每次冲洗时洗涤液均按以上方法转移至容量瓶中。继续加蒸馏水至容量瓶容积的3/4时，摇动容量瓶使溶液初步混匀（此时不能盖上瓶塞将容量瓶翻转）。继续加蒸馏水至接近标线1～2 cm时等待1～2 min，使瓶颈内壁的液滴全部流下（可用烧杯及玻璃棒引流的方式加蒸馏水，也可用洗瓶悬空在瓶口小心加入）。此时改用滴管或小心用洗瓶慢慢滴加，直至溶液的凹液面与标线相切为止（图2-8）。最后，盖上瓶塞，左手握住瓶颈，并用食指按住瓶塞，右手手指托住瓶底，反复倒转并摇动10次左右（图2-9）。将容量瓶直立后，可以发现此时溶液凹液面在刻度线以下，属正常现象，是溶液渗入磨口与瓶塞缝隙中引起的，切记不能加水至刻度线。

若是溶液的稀释，则用移液管吸取一定体积的溶液于容量瓶中，直接加蒸馏水稀释至刻度线即可，加蒸馏水、摇匀、翻转的操作与固体溶液的配制相同。

溶解或稀释中放热的溶液应冷却至室温后再定容，否则将造成误差；对光不稳定的溶液应使用棕色容量瓶。若溶液需要长期保存，应转入试剂瓶中。当容量瓶长期不用时，应将其洗净，并在磨口与瓶塞间垫一张滤纸片，以防瓶塞粘连难以打开。

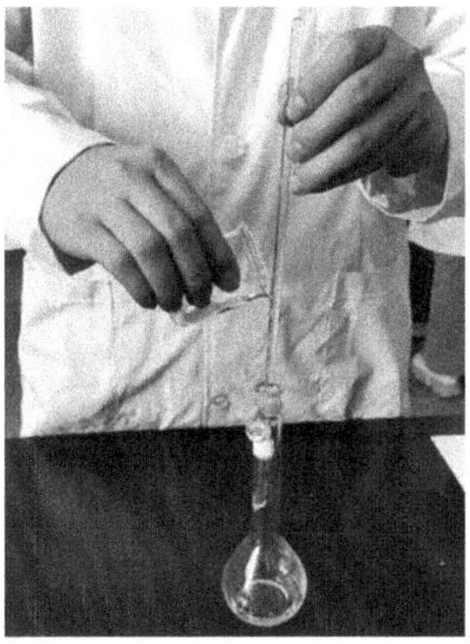

图2-7　溶液的转移

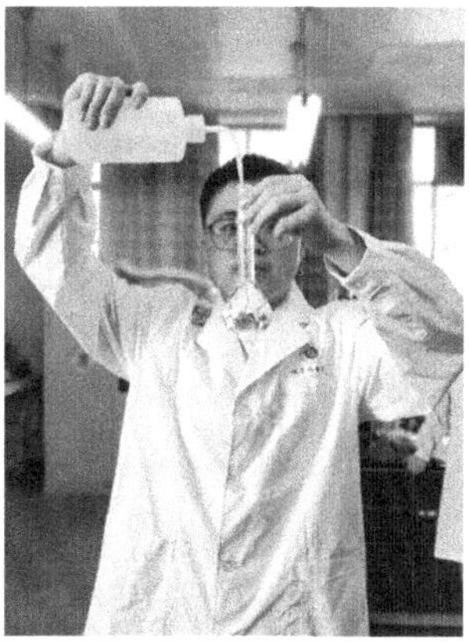

图2-8　容量瓶的定容

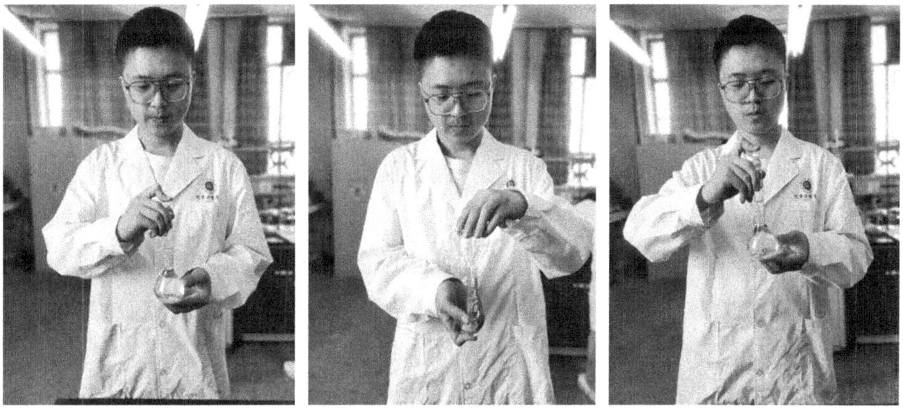

图2-9　溶液的摇匀

容量瓶不能烘干或在电炉上加热，若需干燥，应加入有机溶剂（如乙醇）振荡洗涤后自然晾干或用吹风机冷风吹干。

2.3　重量分析基本操作

2.3.1　样品的溶解

样品的溶解应在烧杯中进行，还需要用玻璃棒、表面皿。表面皿应稍大于烧杯口，玻璃棒应高于烧杯5～7 cm。

（1）一般试样溶解，只需将固体样品放在烧杯中，沿烧杯壁或用玻璃棒引流（玻璃棒下端紧贴烧杯内壁，洗瓶或装溶剂的烧杯杯嘴紧贴玻璃棒）加入溶剂，边加边搅拌，直至样品全部溶解。

（2）样品溶解中有气体产生时，应加几滴蒸馏水润湿样品表面，盖好表面皿（凹面朝上，凸面朝下），沿杯嘴的间隙继续滴加溶剂。样品溶解后，用洗瓶吹洗表面皿的凸面（液体收集在烧杯中），并吹洗烧杯内壁。

（3）溶解样品若需加热，应盖好表面皿，加热完成后用与（2）同样的方法吹洗表面皿和烧杯壁。

2.3.2 沉淀的条件

待测物质溶解在烧杯中后，滴加沉淀剂使其转化为沉淀，沉淀的条件与晶形有关。

1.晶形沉淀（硫酸钡等）

（1）沉淀剂浓度要稀。

（2）在热溶液中进行沉淀。

（3）滴加沉淀剂时速度要慢：左手拿滴管滴加沉淀剂，滴管应悬在烧杯上方尽可能靠近液面以防沉淀剂溅出，速度要慢；同时右手拿玻璃棒充分搅拌，玻璃棒在搅拌中不要碰到烧杯壁和底部。

（4）检验沉淀是否完全：沉淀静置后滴加少许沉淀剂，观察上层清液是否出现浑浊。若无浑浊出现，代表沉淀完全；否则应继续滴加沉淀剂，然后重新检验。

（5）陈化：沉淀完全后将沉淀与母液一同室温放置过夜或加热陈化1 h。

2.非晶形沉淀（氯化银等）

非晶形沉淀的条件与晶形沉淀不同，应使用浓的沉淀剂，在热溶液中进行，沉淀剂的加入和搅拌速度要快，沉淀时加入大量电解质或某些能引起沉淀微粒凝聚的胶体，使沉淀完全，沉淀完全后用热蒸馏水稀释、洗涤、过滤，不必陈化。

2.3.3 过滤和洗涤

沉淀生成后，将沉淀与母液分离需要采用过滤操作，过滤方法主要有玻璃漏斗、砂芯漏斗、布氏漏斗过滤等。以下将着重介绍玻璃漏斗的过滤方法，另两种方法进行简单介绍。

1.玻璃漏斗

（1）滤纸的选择：

滤纸分为定量滤纸和定性滤纸两大类，在重量分析中需使用定量滤纸。定量滤纸的特点是灰分低，以直径12.5 cm的滤纸为例，使用前质量约为1 g，灰化后质量小于0.0001 g，称为无灰滤纸，小于分析天平的感知量，在重量分析中重量可忽略不计。若灰化质量大于0.0002 g，应做空白对照，将质量扣除。定量滤纸为圆形，规格按直径大小可分为12.5 cm、11 cm、9 cm、7 cm、4 cm等；按孔径大小可分为快速、中速、慢速三种。一般根据沉淀的多少、性质来决定选择多大规格、孔径的滤纸。滤纸孔径大小的选择与沉淀颗粒的大小有关：胶状沉淀选择孔径大的滤纸，晶形沉淀选择致密、孔径小的滤纸，沉淀颗粒越小，需选择的滤纸的孔径越小。滤纸的大小由沉淀的量决定，过滤后沉淀层的厚度一般不超过滤纸圆锥高度的1/3，最多不得超过1/2。常见滤纸的性质与适用范围见表2-2。

表2-2　定量滤纸的分类

分类与标志	每张滤纸的灰分/mg	孔径/μm	滤水10 mL所需时间/s	过滤物晶形	适应过滤的沉淀种类
快速（白带）	<0.1	80～120	≤35	胶状沉淀物	$Fe(OH)_3$、$Al(OH)_3$、H_2SiO_3
中速（蓝带）	<0.1	30～50	≤70	一般结晶形沉淀	$ZnCO_3$、SiO_2
慢速（红带）	0.1	1～3	≤140	较细结晶形沉淀	$BaSO_4$、CaC_2O_4、$PbSO_4$

滤纸选择好后，应选择合适大小的漏斗，使滤纸的上边缘低于漏斗0.5～1 cm。漏斗以颈长15～20 cm、内径3～5 mm为宜。

（2）滤纸的折叠和漏斗的准备：

将玻璃漏斗洗净，手擦干后取一张洁净的滤纸，将滤纸对折成半圆，继续对折成1/4圆，第二次对折不要折死。然后从圆弧处将滤纸打开使其呈圆锥状，一侧滤纸为单层，一侧为三层，放入漏斗中。若滤纸与漏斗不能完全贴合，则调整折痕的位置使之贴合紧密（将三层滤纸内侧的折痕收紧或往外松）。调整完成后，将三层滤纸外侧的角撕掉并保存在干净的表面皿上，以待后续实验中用于擦拭玻璃棒和烧杯。

漏斗整理至能完全贴合漏斗内壁后，旋转滤纸，使三层滤纸在漏斗颈出口短的一侧，手指压住三层滤纸一侧，用洗瓶淋入少量蒸馏水润湿滤纸，手指按压滤纸赶出气泡，使湿润的滤纸锥体上部与漏斗贴合紧密，下部可留有空隙。贴好后加水至滤纸边缘，滤纸下部空隙及漏斗颈充满水，待水流干后，滤纸与漏斗下部空隙及漏斗颈内会保留水柱且没有气泡。若没有形成完整的水柱，应用手指堵住漏斗颈出口，稍稍掀开漏斗三层滤纸一侧，往滤纸与漏斗下部的空隙中加水，直至漏斗颈和漏斗椎体大部分充满水，然后压紧滤纸边缘（不留气泡），最后缓慢松开手指，液体流下即可形成水柱。若仍然不能形成水柱，则可能是漏斗内径过大或有油污等原因，待排除后再进行以上操作。水柱的形成会加快过滤的效率，节省实验时间。

漏斗准备好后，用蒸馏水冲洗一次，固定在漏斗架上，准备一个洁净的烧杯接收滤液，漏斗颈出口长的一侧紧贴烧杯内壁，备用。

（3）沉淀的转移和洗涤：

①倾泻上清液：沉淀的转移采用“倾注法”，首先将上清液倾至漏斗中，将沉淀尽可能多地留在烧杯内。操作步骤如下：

a.左手拿玻璃棒立于漏斗壁三层滤纸一侧的上方，尽可能地靠近滤纸但不要触碰滤纸，右手拿起烧杯，缓慢倾斜，不要搅起沉淀，杯嘴紧贴玻璃棒，沿玻璃棒将上层清液倾入漏斗中（图2-10）。

b.漏斗中溶液最高到滤纸边缘下5 mm，暂停倾倒，烧杯沿玻璃棒缓慢向上提起，待杯嘴的溶液返回烧杯，玻璃棒上液体全部流下，将烧杯放正，玻璃棒收回放在烧杯中。注意，玻璃棒不要放在杯嘴，以免黏附沉淀。

c.漏斗中滤纸内液体快流完时继续倾倒上清液。不要等液体流干再倾倒，以免水柱流干，影响过滤效率。

d.注意，玻璃棒在整个过滤过程中除了引流之外，其他时间均应放在原烧杯中，防止试液流失；倾注必须在漏斗正上方进行，以免洒落试液。

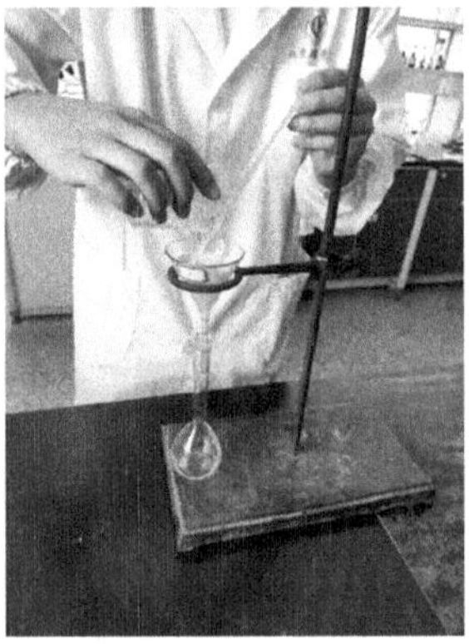

图2-10　沉淀的转移

e.过滤中随时观察滤液是否澄清，若出现浑浊，应将接收的滤液二次过滤，若过滤后仍浑浊，则需更换滤纸，第一次的滤纸保留待洗。

②初步洗涤：倾注上清液完成后，将沉淀进行初步洗涤。每次约用10 mL洗涤液洗涤烧杯内壁，使沉淀集中在烧杯底部，沉淀完全下沉后，将洗涤液用倾泻法过滤。每次洗涤液倾泻完全后，再重新加入洗涤液，少量多次，如此反复洗涤3～4次，洗去沉淀吸附的杂质。

③转移沉淀：初步洗涤完成后，再加入少量洗涤液，然后将沉淀搅起混匀，立即将洗涤液和沉淀一起通过玻璃棒引流转移至滤纸上。再加少量洗涤液冲洗烧杯，少量多次，将沉淀尽可能多地转移至漏斗中，残余的沉淀冲洗至漏斗中，具体操作如下：左手取出玻璃棒，立于漏斗壁三层滤纸一侧的上方，右手将烧杯倾斜在漏斗上方，烧杯嘴朝向漏斗，使玻璃棒横放在倾斜的烧杯口，玻璃棒的下端伸出玻璃嘴2～3 cm，伸出右手食指压住玻璃棒上方（其他手指握紧烧杯：右手拇指在烧杯下方，其他3根手指在上方固定住烧杯），左手松开玻璃棒，拿洗瓶冲洗烧杯壁和底部，将剩余的沉淀和洗涤液沿玻璃棒倒入漏斗中。若仍有残余的沉淀，可用撕下的滤纸一角擦拭烧杯壁及玻璃棒，将擦拭完的滤纸角放在漏斗的沉淀上。也可用沉淀帚（一头带橡胶的玻璃棒）自上而下、从左到右擦拭烧杯壁，将沉淀集中在烧杯底部再洗入漏斗中。处理完毕后，仔细检查烧杯、玻璃棒、表面皿、沉淀帚是否吹洗擦拭干净。最后将烧杯、玻璃棒、沉淀帚洗涤至少3次，并将洗涤液转移至漏斗中。

④洗涤沉淀：转移完成后，用洗涤液洗去沉淀表面吸附的杂质及残余的母液。用洗瓶或滴管吸取洗涤液，从滤纸上边缘开始螺旋式往下移动，将沉淀冲洗至滤纸底部，用洗涤液反复洗涤3～4次。最后用合适的试剂检查沉淀是否洗涤干净。

2.玻璃砂芯漏斗

玻璃砂芯漏斗，又称微孔玻璃漏斗，其滤板用玻璃粉末高温熔结而成，漏斗壁为常规玻璃。此类漏斗不能用于过滤强碱性溶液、热浓磷酸及氢氟酸溶液，以免对玻璃微孔造成腐蚀；也不宜过滤浆状、易堵孔、难清理的溶液。此类漏斗不耐高温，适用于只需在150 ℃以下干燥和烘烤的沉淀；应避免骤冷骤热，以免造成破损。

玻璃砂芯下端的玻璃管插入打好孔的橡胶塞中，然后将胶塞连同砂芯漏斗一起安置在抽滤瓶的瓶口上。抽滤瓶为一大容量、含侧管的玻璃瓶。抽滤瓶上的侧管连接水泵后可直接进行抽滤。

新的玻璃砂芯漏斗使用前应用浓盐酸或铬酸洗液边抽滤边清洗，或浸泡后再抽滤，再用蒸馏水边抽滤边清洗，然后晾干或烘干备用。玻璃砂芯使用后应选用合适的洗液及时清洗。例如，高锰酸钾过滤后残余的高锰酸钾及二氧化锰，要用盐酸或草酸抽洗或浸泡；氯化银可用氨水抽洗。其他选用原则可参考玻璃仪器的清洗中洗涤剂的选择，只需同时满足清洗干净和不腐蚀玻璃砂芯的条件即可。洗净的玻璃砂芯漏斗在与沉淀干燥相同的条件下烘干至恒重即可。

恒重后的砂芯漏斗即可用于沉淀的过滤：

（1）连接好抽滤装置，将要过滤的溶液转移至砂芯上，打开水泵开始抽滤；

（2）不能等吸干再倒入溶液，否则会使沉淀层压紧，容易包夹杂质，并且影响过滤速度；

（3）溶液过滤和洗涤的要求与玻璃漏斗相同；

（4）过滤结束后，先拔下连接抽滤瓶的橡皮管，再关闭水泵以免水泵中的水倒吸；

（5）用沉淀帚将搅拌棒和烧杯擦拭干净；

（6）将沉淀和玻璃砂芯漏斗放入烘箱中干燥称重。

布氏漏斗与砂芯漏斗使用方法基本相同，不同的是布氏漏斗的底板有很多小孔，使用时需贴上滤纸才能使用，否则大量沉淀会漏入抽滤瓶，起不到过滤作用。

2.3.4 干燥和灼烧

1. 干燥器的使用

（1）将干燥器清洗干净、擦干，多孔瓷板清洗干净、烘干，干燥剂筛去粉尘后通过纸槽倒入干燥器中，放上陶瓷板。在干燥器磨口上均匀涂抹一层薄薄的凡士林。

（2）凡士林涂抹好后，左手扶住干燥器下部，右手置于干燥器盖的圆顶，从右往左沿磨口边缘推上，密封好。打开盖子也应进行同样的操作，左手扶住干燥器下部，右手置于干燥器盖的圆顶，往左前方推开盖子，将盖子倒放在桌面上安全的位置，将坩埚或称量瓶放入后及时关上干燥器。搬动干燥器时，应抱住干燥器下部，同时用两手拇指按住干燥器盖。

（3）坩埚或称量瓶应带盖放在干燥器瓷板的圆孔内。

（4）干燥器不能存放湿漉的器皿或沉淀。

（5）干燥器内变色硅胶变色后应及时更换，或将硅胶再生。

2. 沉淀和滤纸的烘干

（1）滤纸的折叠：

①将滤纸的三层部分掀起，用手捏住三层部分将滤纸取出，手不能触碰沉淀。

②将滤纸打开使之呈半圆，圆弧朝上水平放置，沉淀在两半圆中间，不能洒落。

③沿半圆右端直径1/6处往左折叠，然后将半圆圆弧向下折叠一个窄边，然后自右向左将滤纸卷成小卷。

④将滤纸卷放在已干燥恒重的坩埚中，层数较多的一边朝上，以便于碳化和灰化。

沉淀体积较大不好折叠的，可将滤纸边缘挑起直接向中间折叠，将沉淀全部盖住后取出滤纸置于已干燥恒重的坩埚中，多层部分朝上。

（2）沉淀的烘干：

将装有滤纸的坩埚倾斜放在煤气灯架、电炉或电热板上，盖子不要盖严，以便水汽逸出。烘干速度不能太快，特别是含水量高的胶状沉淀，本身烘干困难，若加热过猛，会导致内部水分变成的水蒸气在迅速冲出过程中携带沉淀溅出，造成实验失败。

微孔玻璃砂芯漏斗连同过滤的沉淀可放在表面皿上，置于烘箱中选择合适的温度进行烘干。第一次烘干2 h，第二次烘干约40 min，烘干后置于干燥器中冷至室温，称量。反复烘干、称重，直至恒重。

（3）滤纸的碳化、灰化：

滤纸开始变黑后，应控制加热速度，使滤纸只冒烟不着火，以免着火时产生的气流将沉淀吹走。若滤纸不小心着火，应立即停止加热，用坩埚钳盖上坩埚让火焰自行熄灭，切记不可吹灭，以免吹落沉淀微粒。

滤纸全部碳化后，逐渐加大火焰，将坩埚烧至红热，将碳化后的滤纸继续燃烧使其变成二氧化碳，即为灰化。

（4）沉淀的灼烧：

灰化后的坩埚连同沉淀及灰化后的滤纸，转移至马弗炉中，盖上坩埚盖，但要留有缝隙，灼烧温度根据沉淀性质确定。第一次灼烧40 min，取出，置于干燥器中冷却至室温，称重；继续灼烧20 min，取出，置于干燥器中冷却至室温，第二次称重；如此重复灼烧、称重，直至相邻两次称重的结果相差小于0.3 mg。

应先将坩埚钳预热，再从马弗炉中取出坩埚放在洁净的瓷盘上，待坩埚稍冷至红色褪去，再放入干燥器瓷板的圆孔中，盖上干燥器的盖子，冷却至室温。冷却应在干燥器中进行，在坩埚温度与天平室温度一致时进行称量。冷却过程中应将盖子打开1～2次，放出里面过多的热量，冷却大概需要30～60 min。

可用蓝黑墨水、六硫氰根合亚铁酸钾、氯化钴粉末-硼砂溶液或铅笔在坩埚和坩埚盖上编号，再加热灼烧。空坩埚称量恒重的方法与沉淀完全一致，包括灼烧温度、灼烧时间，每次坩埚取出冷却的时间也应保持一致。样品同坩埚的重量减去坩埚的恒重即为沉淀的重量，可由此计算得到待测组分的含量。

第3章 定量分析基本操作实验

实验1 分析天平称量练习

一、实验目的

1. 熟悉电子分析天平的称量原理及使用规则；
2. 掌握分析天平的基本操作方法；
3. 学会熟练使用常用称量方法进行称量。

二、实验原理

电子分析天平是根据电磁力平衡原理来进行称量的新一代天平。其原理可简述为：在磁场中放置通电线圈，若磁场强度不变，则线圈产生的磁力大小与线圈中的电流大小成正比。称重时，物体向下产生重力，线圈产生向上电磁力，为维持二者平衡，反馈电路系统会很快调整好线圈的电流大小。达到平衡时，线圈中的电流大小与物体的质量成正比。通过校正及A/D转换等，电子分析天平即可显示物体的质量。电子分析天平可直接称量，全量程不需砝码，在天平托盘上放置被称量物，几秒内即可达到平衡。电子分析天平具有精度高、速度快、性能稳定、操作简便等特点。

三、实验用品

1. 仪器

电子分析天平、称量瓶、药匙、烧杯（50 mL）、表面皿。

2. 试剂

$CaCO_3$粉末试样。

四、实验内容

1. 天平的检查

使用前先检查电子天平水平仪的小气泡是否偏移，若有偏移，则需调节水平调节脚，使小气泡位于水平仪圆圈内。检查天平秤盘是否干净，若不干净，可用毛刷清洁。

检查完毕后通电预热。

2. 固定质量称量练习

打开电子天平，待其示数稳定后，打开天平门，垫上滤纸条，将一干燥、清洁的表面皿置于天平秤盘中央，关闭天平门，待其示数稳定后按TAR键清零，等待天平显示0.0000 g。若显示其他数字，则可再次按清零键，直至其显示0.0000 g。

打开天平门，用药匙取少量$CaCO_3$试样，缓慢加入到表面皿中央，分次加入，直到天平示数为0.5000 g，关闭天平门，观察示数是否有所改变，若小于0.5000 g，则可继续加入少量试样；若大于0.5000 g，则所称样品过量，需重新称量。一份试样称量完毕后，可将所称试样倒入回收瓶，进行第二次和第三次称量，也可将第一份试样的质量作为起点，继续进行后续称量。每次称量结束后，均应对称量结果进行准确及时的记录（表3-1）。

3. 递减称量法练习

按TAR键，待天平显示0.0000 g后，打开天平门，取一干燥、洁净的烧杯置于秤盘中央，关闭天平门，读数，记录烧杯质量。

在干燥、洁净的称量瓶中装入约1/5体积的试样，盖上瓶盖，用纸条套住称量瓶将其置于天平秤盘中央，关好天平门，按TAR键，使其显示0.0000 g。用纸条套住称量瓶将其从电子天平中取出，隔着小纸片将瓶盖打开，缓慢倾斜瓶口，用瓶盖将部分试样轻敲至烧杯中，盖好瓶盖，准确称量，看天平示数是否在0.30～0.32 g范围内，若所敲出样品量超过0.32 g，则需重新称量；若不够，则继续从称量瓶中敲出试样，直至天平读数处于此范围内，记录数据（m_1）。再将装有试样的烧杯进行称量，根据空烧杯质量计算出烧杯中试样的质量（m_2），与称量瓶中敲出的试样量进行对比，看差别是否小于0.4 mg。重复以上操作，进行第2、3份试样的称量练习，并准确及时记录称量结果（表3-2）。

用递减称量法进行称量时，可根据前一次称量的体积来判断敲出的试样量，最好能在一两次内敲出所需的试样，以减少样品损失并提高称量速度。

五、实验数据记录

表3-1 固定质量称量练习

	1	2	3
m/g			

表3-2 递减称量法练习

	1	2	3
$m_{空烧杯}$ / g			
m_1 / g			
$m_{烧杯+试样}$ / g			

续表3-2

	1	2	3
m_2 / g			
m_1−m_2 / g			

【注意事项】

1. 天平在使用之前一定要检查是否水平，使用前后均需检查是否清洁。

2. 切勿用手直接拿取称量瓶，称量瓶必须放在洁净的纸上，不得随意乱放使之沾污。

3. 实验数据的记录要准确、及时。

【思考题】

1. 称量方法有哪几种？固定质量称量法和递减称量法各有何优缺点，分别适合在什么情况下使用？

2. 为什么在称量试样时要求偏差小于0.4 mg？

实验2　酸碱滴定基本操作练习

一、实验目的

1. 掌握一般试液的配制方法；

2. 学习酸式滴定管、碱式滴定管的正确使用及注意事项，尤其是终点的控制方法；

3. 掌握甲基橙指示剂、酚酞指示剂终点的颜色观察。

二、实验原理

酸标准溶液通常用盐酸或硫酸来配制，其中应用最广的为盐酸：稀盐酸比较稳定，不会破坏指示剂，氯化物大多易溶于水。但浓盐酸易挥发，若样品需要与过量的标准酸共同煮沸，尤其标准酸浓度大时，则以硫酸标准溶液为好。碱标准溶液的配制常用氢氧化钠或氢氧化钾，也可用氢氧化钡。由于浓盐酸易挥发、氢氧化钠易吸收空气中的CO_2和水分，均不易获得纯品，所以用间接法来配制其标准溶液，即粗略配制成近似浓度的溶液，再用基准物质或已知准确浓度的标准溶液进行标定。

本实验通过NaOH溶液和HCl溶液的相互滴定，使学生练习滴定这一基本操作，掌握滴定管的使用及终点颜色的观察。0.1 $mol \cdot L^{-1}$ NaOH溶液和0.1 $mol \cdot L^{-1}$ HCl溶液滴定反应的化学计量点的pH为7.00，滴定突跃的pH范围为4.30～9.70，指示剂的变色点落在这一范围内即可保证理论上的准确度（E_r<±0.1%），如酚酞（变色范围为8.0～9.6；pH<8.0为无色，pH>9.6为红色）、甲基橙（变色范围为3.1～4.4；pH<3.1为红色，pH>4.4为黄色）均可以。由于人眼对颜色的敏锐度不同，颜色由无色至有色、由浅色至深色更便于观察，所以NaOH溶液对HCl溶液的滴定选用酚酞做指示剂，终点颜色为粉红色，pH≈9.0，相对误差约为0.1%；HCl溶液对NaOH溶液的滴定选用甲基橙做指示剂，黄色变为橙色为终点，pH≈4.0，相对误差约为0.2%。当NaOH溶液和HCl溶液的浓度确定时，选用相同的指示剂，滴定中消耗的NaOH溶液和HCl溶液的体积比应为定值，但实际上由于操作和终点判断的不同，二者的体积比并不完全相同，因此本实验可以检验滴定操作者的实验技能。

三、实验用品

1.仪器

酸碱滴定管（25.00 mL）各1支、称量瓶1个、锥形瓶（250 mL）3个、烧杯（500 mL）2个、烧杯（50 mL）1个、试剂瓶（500 mL）2个、洗瓶1个、量筒（10 mL）1个、滴管1支。

2.试剂

浓盐酸（质量分数为36%）、NaOH固体、甲基橙指示剂（1 g·L^{-1}水溶液）、酚酞指示剂（2 g·L^{-1}乙醇溶液）。

四、实验内容

1.溶液的配制

用洁净的滴管和量筒取浓盐酸4 mL，转移至装有适量蒸馏水的烧杯中，搅拌均匀，加蒸馏水稀释至500 mL，继续搅拌均匀，得到0.1 mol·L^{-1}HCl溶液，将其装入试剂瓶，盖好玻璃塞，贴好标签待用。

用台秤称取NaOH固体2 g，加入装有适量水的烧杯中搅拌使其溶解，加水稀释至500 mL，即得到0.1 mol·L^{-1}的NaOH溶液，待其冷却后转移至试剂瓶，用橡胶塞塞好，贴好标签待用。

2.滴定操作练习

滴定分析基本操作

取洗净的酸式滴定管，检查活塞旋转是否灵活，然后装入5 mL蒸馏水，旋转活塞检查是否漏水（若活塞不灵活或漏水，则将活塞取下擦干水分，重新涂抹真空脂或凡士林）。先将酸式滴定管用0.1 mol·L^{-1}HCl溶液润洗3次，每次用5 mL左右；然后将酸式滴定管装满，排出气泡，调整刻度线至0.00 mL或接近0.00 mL。

取洗净的碱式滴定管，装入5 mL蒸馏水，检查橡胶管是否漏水或堵塞（若漏水或堵塞，应将橡胶管取下更换合适的橡胶管和玻璃珠）。先将碱式滴定管用0.1 mol·L^{-1}的

NaOH溶液润洗3次，每次用5 mL左右；然后将碱式滴定管装满，排出气泡，调整刻度线至0.00 mL或接近0.00 mL。

用酸式滴定管放出约5 mL的HCl溶液于250 mL的锥形瓶中，加20 mL蒸馏水稀释，加入1～2滴酚酞指示剂，摇匀，溶液为无色，以0.1 $mol\cdot L^{-1}$NaOH溶液滴定至粉红色，注意练习滴定速度的控制和终点颜色的观察，滴定至终点后再加入几滴HCl溶液，重新滴定至终点，可重复加入HCl溶液重新滴定，直至能熟练操作碱式滴定管和准确确定滴定终点的颜色。

用碱式滴定管放出约5 mL的NaOH溶液于250 mL的锥形瓶中，加20 mL蒸馏水稀释，加入1～2滴甲基橙指示剂，摇匀，溶液为黄色，以0.1 $mol\cdot L^{-1}$HCl溶液滴定至橙色，注意练习滴定速度的控制和终点颜色的观察，滴定至终点后再加入几滴NaOH溶液，重新滴定至终点，可重复加入NaOH溶液重新滴定，直至能熟练操作酸式滴定管和准确确定滴定终点的颜色。

3.NaOH溶液和HCl溶液的相互滴定

将碱式滴定管和酸式滴定管重新装满，排出气泡，液面调至0.00 mL刻度处。

（1）NaOH溶液对HCl溶液的滴定：

用酸式滴定管放出约18 mL的HCl溶液于250 mL的锥形瓶中，记录滴定管读数，加入1～2滴酚酞指示剂，摇匀，溶液为无色。以0.1 $mol\cdot L^{-1}$NaOH溶液滴定至粉红色，30 s内不褪色即为终点，记录滴定管读数。注意滴定速度的控制和终点颜色的观察，开始滴定时速度可稍快些，在接近化学计量点时，速度应放慢，要半滴半滴地加入，并用蒸馏水冲洗锥形瓶内壁。在锥形瓶中继续加入约2 mL的HCl溶液，记录酸式滴定管的读数，继续滴定至终点，记录碱式滴定管的读数；再次加入约2 mL的HCl溶液，记录酸式滴定管的读数，继续滴定至终点，记录碱式滴定管的读数。分别记录3次到滴定终点时加入的HCl溶液的总体积和消耗的NaOH溶液的总体积，计算体积比，将数据记录在表3-3中。

（2）HCl溶液对NaOH溶液的滴定：

用碱式滴定管放出约18 mL的NaOH溶液于250 mL的锥形瓶中，记录滴定管读数，加入1～2滴甲基橙指示剂，摇匀，溶液为黄色。以0.1 $mol\cdot L^{-1}$HCl溶液滴定至橙色，30 s内不褪色即为终点，记录滴定管读数。注意滴定速度的控制和终点颜色的观察，开始滴定时速度可稍快些，在接近化学计量点时，速度应放慢，要半滴半滴地加入，并用蒸馏水冲洗锥形瓶内壁。在锥形瓶中继续加入约2 mL的NaOH溶液，记录碱式滴定管的读数，继续滴定至终点，记录酸式滴定管的读数；再次加入约2 mL的NaOH溶液，记录碱式滴定管的读数，继续滴定至终点，记录酸式滴定管的读数。分别记录3次到滴定终点时加入的NaOH溶液的总体积和消耗的HCl溶液的总体积，计算体积比，将数据记录在表3-4中。

五、实验数据记录

表 3-3　NaOH溶液对HCl溶液的滴定

	1	2	3
$V_{HCl始}$ / mL			
$V_{HCl末}$ / mL			
V_{HCl} / mL			
$V_{HCl总}$ / mL			
$V_{NaOH始}$ / mL			
$V_{NaOH末}$ / mL			
V_{NaOH} / mL			
$V_{NaOH总}$ / mL			
$V_{NaOH总}/V_{HCl总}$			

表 3-4　HCl溶液对NaOH溶液的滴定

	1	2	3
$V_{NaOH始}$ / mL			
$V_{NaOH末}$ / mL			
V_{NaOH} / mL			
$V_{NaOH总}$ / mL			
$V_{HCl始}$ / mL			
$V_{HCl末}$ / mL			
V_{HCl} / mL			
$V_{HCl总}$ / mL			
$V_{HCl总}/V_{NaOH总}$			

【注意事项】

1. 倒HCl、NaOH等试剂时，手心要朝向试剂瓶上标签部位，以保护标签。

2. 滴定时每次都要从零刻度开始，以消除滴定管刻度不均匀所产生的系统误差。

3. 酚酞为指示剂时，溶液颜色呈粉红色，30 s内不褪色即为终点，长时间放置会褪色是空气中CO_2的溶解使溶液变为弱酸性所致。

【思考题】

1. 称取NaOH固体应使用何种天平？能否用称量纸称取，不能的话应使用何种容器称取，为什么？溶解时量取水用什么量器，为什么？试剂瓶为什么不能用玻璃塞？

2. 准确浓度的NaOH溶液和HCl溶液能直接配制吗？为什么？

3. 滴定管在装标准溶液前为什么要润洗3次？滴定用的锥形瓶要不要润洗，需不需要烘干，为什么？

4. 滴定管使用的步骤是什么？操作时应注意什么？

5. 为什么用HCl溶液滴定NaOH溶液时选用甲基橙指示剂，而用NaOH溶液滴定HCl溶液时选用酚酞指示剂？两次滴定的体积比是否相同？

第4章　基础分析化学实验

4.1　酸碱滴定实验

实验3　食用白醋总酸度的测定

一、实验目的

1.掌握强碱滴定弱酸过程中溶液pH的变化规律以及指示剂的选择依据；
2.掌握食用白醋总酸度的测定方法；
3.了解基准物质的性质及应用。

二、实验原理

食用醋的主要酸性成分为醋酸（HAc），此外还含有少量其他弱酸，如乳酸。醋酸的解离常数$K_a=1.8\times10^{-5}$，与NaOH反应的方程式为：

$$HAc+NaOH = NaAc+H_2O$$

因为产物为强碱弱酸盐，化学计量点pH=8.7，滴定突跃范围在碱性范围内，所以选用酚酞做指示剂。滴定时，不仅HAc与NaOH发生反应，食用醋中其他有机酸也会与NaOH发生反应，所以滴定所得为总酸度，用ρ_{HAc}（单位：$g\cdot L^{-1}$）表示。

三、实验用品

1.仪器

常量滴定用仪器：碱式滴定管（25.00 mL）、移液管（25.00 mL）、容量瓶（250 mL）、锥形瓶（250 mL）。

微量滴定用仪器：碱式滴定管（3.000 mL）、移液管（2.00 mL）、容量瓶（50 mL）、锥形瓶（25 mL）。

2.试剂

NaOH溶液（$0.1\ mol\cdot L^{-1}$）、邻苯二甲酸氢钾（$KHC_8H_4O_4$，缩写为KHP）基准试剂

（在100～125 ℃下干燥备用）、酚酞指示剂（2 g·L^{-1}乙醇溶液）、食用白醋试液。

四、实验内容

NaOH溶液的配制与标定

1.NaOH溶液的标定

用递减称量法称取$KHC_8H_4O_4$基准物质3份，每份0.4～0.6 g，置于洁净的250 mL锥形瓶中，加40～50 mL蒸馏水溶解。加入2～3滴酚酞指示剂，用待标定的NaOH溶液滴定至溶液颜色呈微红色，且30 s内不褪色，即为终点。读取所消耗的NaOH溶液的体积并记录。平行滴定3份，计算NaOH溶液浓度。要求3次测定的相对偏差小于或等于|±0.2%|，否则重新标定。数据记录在表4-1中。

2.食用醋总酸度的测定

（1）常量滴定：

将食用醋稀释10倍：用移液管准确移取食用白醋25.00 mL于250 mL的容量瓶中，用新煮沸并冷却的蒸馏水定容至刻度，摇匀。准确移取25.00 mL食用白醋稀释液于250 mL锥形瓶中，加入2～3滴酚酞指示剂。用上述已标定准确浓度的NaOH标准溶液滴定至溶液呈微红色，且30 s内不褪色，即为终点。平行滴定3次，根据消耗NaOH标准溶液的体积，计算食用醋总酸度ρ_{HAc}（单位：g·L^{-1}）。

（2）微量滴定：

将食用醋稀释10倍：用移液管准确移取食用白醋5.00 mL于50 mL的容量瓶中，用新煮沸并冷却的蒸馏水定容至刻度，摇匀。准确移取2.00 mL食用白醋稀释液于25 mL锥形瓶中，加入5 mL水、1滴酚酞指示剂。用上述已标定准确浓度的NaOH标准溶液滴定至溶液呈微红色，且30 s内不褪色，即为终点。平行滴定3次，根据消耗NaOH标准溶液的体积，计算食用醋总酸度ρ_{HAc}（单位：g·L^{-1}）。

以上方法任选一种。数据记录在表4-2中。

五、实验数据记录

1.NaOH溶液的标定

表4-1　NaOH溶液的标定

	1	2	3
$m_{KHC_8H_4O_4}$ / g			
V_{NaOH} / mL			
c_{NaOH}/(mol·L^{-1})			
$\bar{c}_{NaOH}$/(mol·L^{-1})			
$\bar{d}_r$ / %			

2. 食用醋总酸度的测定

表4-2　食用醋总酸度的测定

	1	2	3
$V_{食用白醋}$ / mL			
$V_{稀释后食用白醋}$ / mL			
V_{NaOH} / mL			
$\rho_{HAc}/(g\cdot L^{-1})$			
$\bar{\rho}_{HAc}/(g\cdot L^{-1})$			
$\bar{d}_r$ / %			

【注意事项】

1. 注意复习递减称量法的操作步骤。
2. 按照规定用量加入指示剂，不能过多。
3. 滴定过程中，要保证溶液颜色半分钟内不褪色，才能确定到达滴定终点。
4. 实验数据记录时要注意有效数字位数。
5. 计算食用醋总酸度ρ_{HAc}（单位：$g\cdot L^{-1}$）时要考虑被滴定物的稀释情况。

思考题

1. 为什么稀释食用白醋时使用的是新蒸馏并冷却的蒸馏水？
2. 测定食用白醋总酸度时，为什么选用酚酞做指示剂？能否选用甲基红做指示剂？
3. 酚酞指示剂由无色变为微红色时，溶液的pH为多少？变红的溶液在空气中放置一会儿后会变成无色的原因是什么？

实验4　尿素中氮含量的测定

一、实验目的

1. 学习尿素试样测定前的消化方法；
2. 学习以甲醛强化间接法测定尿素中氮含量的原理和方法。

二、实验用品

1. 仪器

碱式滴定管（50.00 mL）1支、锥形瓶（250 mL）3个、烧杯（100 mL）1个、量筒

（100 mL）1个、电炉、容量瓶（250.0 mL）1个。

2. 试剂

0.1 mol·L^{-1} NaOH溶液、浓硫酸、酚酞指示剂（2 g·L^{-1}乙醇溶液）、200 g·L^{-1}甲醛溶液、邻苯二甲酸氢钾（$KHC_4H_8O_4$）基准试剂、尿素试样。

三、实验原理

尿素$CO(NH_2)_2$经浓硫酸消化后转化为$(NH_4)_2SO_4$，过量的H_2SO_4以甲基红为指示剂，用NaOH标准溶液滴定至溶液从红色变为黄色。

$(NH_4)_2SO_4$为强酸弱碱盐，可用酸碱滴定法测定其含氮量，但由于NH_4^+的酸性太弱（K_a=5.6×10^{-10}），故不能用NaOH标准溶液直接滴定。

甲醛法是基于铵盐与甲醛作用，可定量地生成六次甲基四胺盐和H^+的方法，反应式如下：

$$4NH_4^+ + 6HCHO = (CH_2)_6N_4H^+ + 6H_2O + 3H^+$$

由于生成的$(CH_2)_6N_4H^+$（K_a=7.1×10^{-6}）和H^+可用NaOH标准溶液滴定，滴定终点生成的$(CH_2)_6N_4$是弱碱，化学计量点时，溶液的pH约为8.7，因此应选用酚酞指示剂，滴定至溶液呈现微红色即为终点。

铵盐与甲醛的反应在室温下进行较慢，加入甲醛后，需放置几分钟，使反应进行完全。

四、实验内容

1. 甲醛溶液的处理

甲醛中常含有微量的甲酸（甲醛受空气氧化所致），应将其除去，否则会产生误差。处理方法如下：取原装甲醛上层清液于烧杯中，用水稀释一倍，加入1～2滴酚酞指示剂，用0.1 mol·L^{-1} NaOH溶液滴定至甲醛溶液呈淡紫色。

2. 试样中含氮量的测定

准确称取尿素试样1 g左右于100 mL干燥的烧杯中，用量筒量取6 mL浓硫酸，盖上表面皿，小火加热至无CO_2出现，即溶液中无气泡，继续用大火加热1～2 min，冷却至室温，用洗瓶冲洗表面皿和烧杯壁。用30 mL蒸馏水稀释，并定量转移至250 mL容量瓶中，稀释至刻度，摇匀。

准确移取上述试液25.00 mL于250 mL锥形瓶中，加2～3滴甲基红指示剂，用NaOH溶液中和游离酸，先滴加2 mol·L^{-1} NaOH溶液将试液中和至溶液的颜色稍微变淡，再继续用0.1 mol·L^{-1} NaOH溶液中和至红色变为纯黄色。然后加入10 mL（1+1）甲醛溶液，充分摇匀，放置5 min后，滴加5滴酚酞指示剂，用0.1 mol·L^{-1} NaOH标准溶液滴定至溶液由纯黄色变为金黄色，即为终点。根据所消耗的NaOH标准溶液的体积，计算尿素中氮的质量分数。将数据记录在表4-3中。

五、实验数据记录

表4-3　尿素中氮含量的测定

	1	2	3
$m_{尿素}$ / g			
$V_{NaOH始}$ / mL			
$V_{NaOH末}$ / mL			
ΔV_{NaOH} / mL			
$V_{尿素}$ / mL			
ω_N / %			
$\overline{\omega}_N$ / %			

【注意事项】

甲醛常以白色聚合状态存在，成为多聚甲醛，多聚甲醛是链状聚合体的混合物。甲醛中含有少量的多聚甲醛不影响测定结果。

【思考题】

1. NH_4NO_3、NH_4HCO_3中的含氮量能否用甲醛法测定？

2. 用NaOH标准溶液中和尿素样品中的游离酸时，能否选用酚酞做指示剂，为什么？

3. 中和过量的H_2SO_4时，加入NaOH溶液的量是否要准确控制？过量或不足对结果有何影响？加入的碱量是否要记录？

4. 滴定开始，溶液颜色变化为红色→金黄色→纯黄色→金黄色，是哪种指示剂在起作用？

实验5　HCl-NH_4Cl混合液中各组分含量的测定(甲醛法)

一、实验目的

1. 掌握NaOH标准溶液的配制和标定；

2. 理解混酸溶液分步滴定和准确滴定的条件及应用；

3. 掌握甲醛法测定铵盐中氮含量的原理和方法。

二、实验原理

NaOH容易与空气中的水和CO_2反应，因此NaOH标准溶液应用间接法配制。标定NaOH溶液的基准物质有$H_2C_2O_4 \cdot 2H_2O$、KHC_2O_4、$KHC_8H_4O_4$等，其中最常用的是$KHC_8H_4O_4$。$KHC_8H_4O_4$的纯品易得，不含结晶水，不吸潮，易保存，摩尔质量大，滴定反应为：

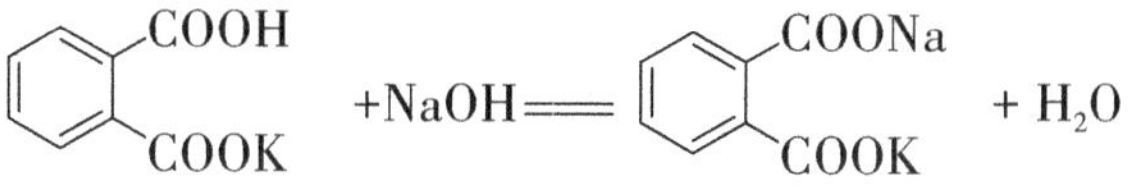

$KHC_8H_4O_4$标定NaOH的反应，其化学计量点的产物为弱碱，因此选用酚酞做指示剂。

对于混合酸液，先测定其中HCl的含量，化学计量点时溶液中存在NH_4^+，溶液显酸性，pH约为5.3，选用甲基红做指示剂。由于NH_4^+酸性较弱，因此不能直接进行滴定分析，应先用甲醛法进行强化，再用NaOH溶液滴定。反应方程式如下：

$$4NH_4^+ + 6HCHO = (CH_2)_6N_4H^+ + 3H^+ + 6H_2O$$

$$H^+ + OH^- = H_2O$$

$$(CH_2)_6N_4H^+ + OH = (CH_2)_6N_4 + H_2O$$

六次甲基四胺$(CH_2)_6N_4$为弱碱，pH约为8.8，选用酚酞做指示剂。滴定中由于两种指示剂的存在，开始时pH<4.4，颜色为红色（甲基红的酸色），之后4.4<pH<6.2，颜色变为橙色（甲基红的混合色），pH>6.2时颜色为黄色（甲基红的碱色），pH>8.0时颜色为橙色（甲基红的碱色+酚酞的混合色），即为终点。

三、实验用品

1.仪器

分析天平、酸碱滴定管（25.00 mL）各1支、移液管（20.00 mL）1个、吸耳球、锥形瓶（250 mL）3个、烧杯（500 mL）2个、滴管、洗瓶、玻璃棒。

2.试剂

0.1 mol·L^{-1}NaOH溶液、邻苯二甲酸氢钾（化学式为$KHC_8H_4O_4$，120 ℃干燥2 h，干燥器中储存）、40%甲醛溶液、0.1 mol·L^{-1}HCl–0.1 mol·L^{-1} NH_4Cl混合液、酚酞指示剂（2 g·L^{-1}乙醇溶液）、甲基红指示剂（2 g·L^{-1}水溶液）。

四、实验内容

1.NaOH溶液的配制和标定

准确称取0.40～0.45 g $KHC_8H_4O_4$固体于250 mL锥形瓶中，加20 mL水溶解，再加1～2滴酚酞指示剂，用NaOH溶液滴定至溶液呈粉红色，30 s内不褪色即为终点。至少重复3次，记录每次消耗NaOH的体积。数据记录在表4-4中。

2. 甲醛溶液的处理

甲醛在空气中放置容易被氧化产生微量的甲酸，需除去，否则会产生正误差。取40%的甲醛加水1：1稀释，然后加入1～2滴酚酞指示剂，用0.1 mol·L^{-1}NaOH溶液中和至溶液呈粉红色。

3.HCl含量和NH_4Cl含量的测定

（1）HCl含量的测定：

移液管取混酸溶液20.00 mL于250 mL锥形瓶中，加入1～2滴甲基红指示剂，溶液呈红色，用NaOH溶液滴定至溶液呈橙色，30 s内不变色即为终点，记录消耗NaOH的体积。

（2）NH_4Cl含量的测定：

在上述溶液中加入10 mL处理过的20%的甲醛溶液对NH_4^+进行强化，加入2滴酚酞指示剂，用NaOH溶液滴定至溶液呈橙色（甲基红的黄色+酚酞的粉红色的混合色）即为终点，记录消耗NaOH的体积。

以上测定至少重复3次。数据记录在表4-5中。

五、实验数据记录

表4-4　NaOH溶液的标定

	1	2	3
$m_{KHC_8H_4O_4}$ / g			
$V_{NaOH始}$ / mL			
$V_{NaOH末}$ / mL			
V_{NaOH} / mL			
c_{NaOH} /(mol·L^{-1})			
$\bar{c}_{NaOH}$ /(mol·L^{-1})			
$\bar{d}_r$ / %			

表4-5　混合酸含量的测定

	1	2	3
$V_{酸}$ / mL			
$V_{NaOH始1}$ / mL			
$V_{NaOH末1}$ / mL			

续表4-5

	1	2	3
V_{NaOH1} / mL			
$V_{NaOH始2}$ / mL			
$V_{NaOH末2}$ / mL			
V_{NaOH2} / mL			
c_1 /(mol·L^{-1})			
c_2 /(mol·L^{-1})			
$\bar{c}_1$ /(mol·L^{-1})			
$\bar{c}_2$ /(mol·L^{-1})			
$\bar{d}_{r1}$ / %			
$\bar{d}_{r2}$ / %			

【注意事项】

1.甲醛常以白色聚合状态存在，成为多聚甲醛，但不影响使用。

2.滴定过程中颜色变化复杂，所以终点颜色的判断一定要正确，不要把第一次出现的橙色误认为终点。

【思考题】

1.铵盐中氮的测定为什么不采用NaOH直接滴定法?

2.甲醛法测定铵盐中氮含量的原理是什么? NH_4Cl、$CO(NH_2)_2$、NH_4HCO_3中氮含量的测定能否用甲醛法?

3.为什么中和甲醛中的游离酸用酚酞做指示剂，而中和铵盐样品中的游离酸则用甲基红做指示剂?

实验6　混合碱的分析及各组分含量的测定

一、实验目的

1.了解双指示剂法测定混合碱组成的原理和方法；

2.掌握HCl标准溶液的配制和标定；

3.掌握未知碱的成分分析及含量计算方法。

二、实验原理

混合碱是NaOH与Na_2CO_3、Na_2CO_3与$NaHCO_3$等类似的混合物（还可能包括其他不参加酸碱反应的成分，如NaCl，称为惰性成分），可对同一份试样采用不同的指示剂进行测定，根据两次滴定结果对碱的组成进行分析，并计算出不同组分含量的方法称为双指示剂法。常用的指示剂为酚酞和甲基橙。

若混合碱由NaOH、Na_2CO_3组成，首先以酚酞为指示剂，用HCl标准溶液滴定至溶液呈粉红色，此时NaOH全部被滴定，而Na_2CO_3只被滴定至$NaHCO_3$，为第一终点，记录消耗的HCl标准溶液的体积为V_1。然后以甲基橙做指示剂，用HCl标准溶液继续滴定至溶液由黄色变为橙色，此时$NaHCO_3$继续被滴定至H_2CO_3，记录消耗的HCl标准溶液的体积为V_2，为第二终点。

酚酞指示剂呈粉红色，为第一终点：

$$NaOH+HCl = NaCl+H_2O$$

$$Na_2CO_3+HCl = NaHCO_3+NaCl \quad pH_{sp}=8.3$$

甲基橙指示剂呈橙色，为第二终点：

$$NaHCO_3+HCl = H_2CO_3+NaCl \quad pH_{sp}\approx 3.9$$

此时：$V_1>V_2$，Na_2CO_3消耗的HCl标准溶液的体积为$2V_2$，NaOH消耗的HCl标准溶液的体积为V_1-V_2，即NaOH的物质的量为$c(V_1-V_2)$，Na_2CO_3的物质的量为cV_2，进而可求得混合碱中NaOH和Na_2CO_3的含量。

若混合碱由Na_2CO_3、$NaHCO_3$组成，同样以上述方法进行测定，则$V_2>V_1$，且Na_2CO_3消耗的HCl标准溶液的体积为$2V_1$，$NaHCO_3$消耗的HCl标准溶液的体积为V_2-V_1，即Na_2CO_3的物质的量为cV_1，$NaHCO_3$的物质的量为$c(V_2-V_1)$，进而可求得混合碱中Na_2CO_3和$NaHCO_3$的含量。

酚酞指示剂呈粉红色，为第一终点：

$$Na_2CO_3+HCl = NaHCO_3+NaCl \quad pH_{sp}=8.3$$

甲基橙指示剂呈橙色，为第二终点：

$$NaHCO_3+HCl = H_2CO_3+NaCl \quad pH_{sp}\approx 3.9$$

若为未知碱试样，可根据V_1与V_2的大小，先判断混合碱的组成，再计算出各组分的含量。

三、实验用品

1.仪器

分析天平、酸碱滴定管（25.00 mL）各1支、称量瓶1个、锥形瓶（250 mL）3个、烧杯（500 mL）1个、试剂瓶（500 mL）1个、洗瓶1个、量筒（10 mL）1个、滴管1支。

2. 试剂

浓盐酸（质量分数为36%）、未知碱样品、Na_2CO_3、甲基橙指示剂（1 g·L^{-1}水溶液）、酚酞指示剂（2 g·L^{-1}乙醇溶液）。

四、实验内容

1. HCl浓度的标定

取浓盐酸2.5 mL，加水稀释至300 mL，得到0.1 mol·L^{-1}HCl溶液。

准确称取0.10～0.12 g Na_2CO_3固体于锥形瓶中，加20 mL水溶解，再加1～2滴甲基橙指示剂，以0.1 mol·L^{-1}HCl溶液滴定至溶液由黄色变为橙色即为终点。重复测定3次。数据记录在表4-6中。

2. 未知碱的测定

准确称取0.20～0.25 g混合碱于锥形瓶中，加20 mL水溶解，再加2滴酚酞指示剂，用HCl标准溶液滴定至粉红色为第一终点，记下消耗HCl溶液的体积V_1；继续加入1～2滴甲基橙指示剂，以HCl标准溶液滴定至溶液由黄色变为橙色即为第二终点，记下消耗HCl溶液的体积V_2。数据记录在表4-7中。

混合碱的分析操作

根据消耗的HCl标准溶液的体积V_1与V_2的关系，可判断混合碱的组成，并计算出各组分的含量。平行测定3次，要求相对平均偏差≤0.3%。

五、实验数据记录

表4-6　HCl浓度的标定

	1	2	3
$m_{Na_2CO_3}$ / g			
$V_{HCl始}$ / mL			
$V_{HCl末}$ / mL			
V_{HCl} / mL			
c_{HCl} /(mol·L^{-1})			
$\bar{c}_{HCl}$ /(mol·L^{-1})			
$\bar{d}_r$ / %			

表4-7 未知碱的测定

	1	2	3
$m_{碱}$ / g			
$V_{HCl始1}$ / mL			
$V_{HCl末1}$ / mL			
$V_{HCl\,1}$ / mL			
$V_{HCl始2}$ / mL			
$V_{HCl末2}$ / mL			
$V_{HCl\,2}$ / mL			
ω_1 / %			
ω_2 / %			
$\overline{\omega}_1$ / %			
$\overline{\omega}_2$ / %			
$\overline{d}_r$ / %			

【注意事项】

1.用酚酞做指示剂时，摇动要均匀，滴定速度要慢，否则溶液中HCl浓度局部过大，会与溶液中的$NaHCO_3$发生反应产生CO_2，带来滴定误差。但滴定也不能过慢，以免溶液吸收空气中的CO_2。

2.用甲基橙做指示剂时，由于CO_2易形成过饱和溶液，会导致酸度增大，使终点出现过早，因此在接近滴定终点时，应剧烈地摇动溶液或加热，以除去过量的CO_2，待冷却后再滴定。

【思考题】

1.第一个化学计量点用酚酞做指示剂变色不锐敏，还可选用什么指示剂？

2.测定混合碱（可能有NaOH、Na_2CO_3、$NaHCO_3$及其他惰性成分），判断下列情况下，混合碱中存在的成分是什么？

（1）$V_1=0$，$V_2\neq0$；

（2）$V_2=0$，$V_1\neq0$；

（3）$V_1>V_2>0$；

（4）$0<V_1<V_2$；

（5）$V_1=V_2\neq0$。

3.该实验中CO_2对实验结果可能会产生哪些影响？

实验7 阿司匹林药片中乙酰水杨酸含量的测定

一、实验目的

1.掌握返滴定法的原理、操作、适用范围；

2.熟悉用酸碱滴定法测定阿司匹林药片的纯度。

二、实验原理

阿司匹林具有解热镇痛的效果，被广泛使用。阿司匹林的主要成分是乙酰水杨酸，乙酰水杨酸是有机弱酸（K_a=1.0×10^{-3}），微溶于水，易溶于乙醇。在强碱溶液中的反应式为：

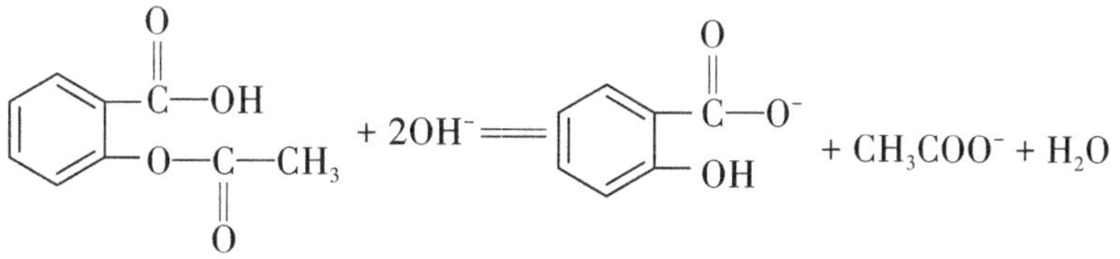

由于药片中一般都添加了一定量的赋形剂，如硬脂酸镁、淀粉等不溶物，因此不宜直接滴定，可采用返滴定法进行滴定。将药片研磨成粉状后加入过量的NaOH标准溶液，加热一段时间使乙酰基水解完全，再以酚酞为指示剂，用HCl标准溶液返滴定过量的NaOH，滴定至溶液由红色变为无色即为终点。在这一反应中，1 mol乙酰水杨酸消耗2 mol NaOH。

三、实验用品

1.仪器

常量滴定用仪器：碱式滴定管（25.00 mL）、移液管（25.00 mL）、容量瓶（100 mL、250 mL）、锥形瓶（250 mL）。

微量滴定用仪器：碱式滴定管（3.000 mL）、移液管（2.00 mL）、容量瓶（50 mL）、锥形瓶（25 mL）。

2.试剂

NaOH溶液（0.1 mol·L^{-1}）、HCl溶液（0.1 mol·L^{-1}）、邻苯二甲酸氢钾（$KHC_8H_4O_4$）基准试剂（在100～125 ℃下干燥备用）、无水Na_2CO_3、硼砂（$Na_2B_4O_7\cdot 10H_2O$）、酚酞指示剂（2 g·L^{-1}乙醇溶液）、食用白醋试液。

四、实验内容

1. 0.1 mol·L^{-1} HCl溶液的标定

（1）以无水Na_2CO_3为基准物质：

用递减称量法称取Na_2CO_3基准物质3份，每份0.13～0.15 g，置于洁净的250 mL锥形瓶中，加20～30 mL蒸馏水溶解。加入1滴甲基橙指示剂，用待标定的HCl溶液滴定至溶液颜色由黄色变为橙色即为终点，读取所消耗的HCl溶液的体积并记录。平行滴定3份，计算HCl溶液浓度。数据记录在表4-8中。

（2）以$Na_2B_4O_7 \cdot 10H_2O$为基准物质：

用递减称量法称取$Na_2B_4O_7 \cdot 10H_2O$基准物质3份，每份0.4～0.6 g，置于洁净的250 mL锥形瓶中，加50 mL蒸馏水溶解。加入2滴甲基红指示剂，用待标定的HCl溶液滴定至溶液颜色由黄色变为浅红色即为终点，读取所消耗的HCl溶液的体积并记录。平行滴定3份，计算HCl溶液浓度。数据记录在表4-9中。

2. 药片中乙酰水杨酸含量的测定

将阿司匹林药片研磨成粉末，用台秤称取约0.6 g药粉于干燥的100 mL烧杯中。用移液管准确移取25.00 mL 1 $mol \cdot L^{-1}$ NaOH标准溶液于上述烧杯中，加入约30 mL蒸馏水，盖上表面皿，轻摇几下，置于沸水浴加热，15 min后取出烧杯，用流水冲洗烧杯壁降温。待冷却后，将烧杯中的溶液定量转移至100 mL容量瓶中，用蒸馏水稀释至刻度，摇匀。

阿司匹林含量的测定

准确移取上述试液10.00 mL于250 mL锥形瓶中，加20～30 mL蒸馏水，加入2～3滴酚酞指示剂，用已标定的HCl溶液滴定至红色刚好消失即为终点。平行滴定3次，根据消耗的HCl标准溶液的体积，计算药片中乙酰水杨酸的含量。数据记录在表4-10中。

3. 空白实验

用移液管准确移取25.00 mL 1 $mol \cdot L^{-1}$ NaOH标准溶液于100 mL烧杯中，加入约30 mL蒸馏水，在与测定药粉相同的实验条件下加热、冷却后，转移至100 mL容量瓶中，用蒸馏水稀释至刻度，摇匀。

准确移取上述试液10.00 mL于250 mL锥形瓶中，加20～30 mL蒸馏水，加入2～3滴酚酞指示剂，用已标定的HCl溶液滴定至红色刚好消失即为终点。平行滴定3次，根据消耗的HCl标准溶液的体积，计算V_{NaOH}/V_{HCl}。数据记录在表4-11中。

五、实验数据记录

1.HCl溶液的标定

表4-8　Na_2CO_3标定HCl溶液

	1	2	3
$m_{Na_2CO_3}$ / g			
V_{HCl} / mL			
$c_{HCl}/(mol \cdot L^{-1})$			
$\bar{c}_{HCl}/(mol \cdot L^{-1})$			
$\bar{d}_r$ / %			

表4-9 $Na_2B_4O_7\cdot10H_2O$标定HCl溶液

	1	2	3
$m_{Na_2B_4O_7\cdot10H_2O}$ / g			
V_{HCl} / mL			
c_{HCl} /(mol·L^{-1})			
$\bar{c}_{HCl}$ /(mol·L^{-1})			
$\bar{d}_r$ / %			

2.药片中乙酰水杨酸含量的测定

表4-10 药片中乙酰水杨酸含量的测定

	1	2	3
$m_{乙酰水杨酸}$/g			
$V_{移取试液}$/ mL			
V_{HCl}/ mL			
$\omega_{乙酰水杨酸}$/%			
$\bar{\omega}_{乙酰水杨酸}$/%			

3.空白实验

表4-11 NaOH标准溶液与HCl标准溶液体积比的测定

	1	2	3
$m_{乙酰水杨酸}$/g			
V_{NaOH}/ mL			
V_{HCl}/ mL			
V_{NaOH}/ V_{HCl}			
平均体积比(V_{NaOH}/ V_{HCl})			

【注意事项】

1.阿司匹林药片与NaOH溶液充分反应后，溶液并非澄清透明，因为溶液中还含有淀粉、硬脂酸镁等赋形剂。

2.NaOH溶液是过量且定量加入阿司匹林药片中的，因此NaOH溶液浓度同样需要进行标定。

3.计算乙酰水杨酸含量时要考虑到被测物的量是总试样的1/10。

【思考题】

1.在测定药片的实验中，为什么1 mol乙酰水杨酸消耗2 mol NaOH，而不是3 mol?

2.返滴定法测定乙酰水杨酸时，为什么要做空白实验?

实验8　非水滴定法测定乙酸钠含量[1]

一、实验目的

1.掌握非水溶液酸度测定的原理及方法；

2.掌握结晶紫指示剂确定终点的方法。

二、实验原理

乙酸钠碱性较弱，在水溶液中不能用强碱准确滴定（pK_b=9.24）。改用乙酸做溶剂，乙酸钠的碱性可大大提高，可用$HClO_4$–HAc溶液滴定，反应如下：

$$H_2Ac^+ + ClO_4^- + NaAc = 2HAc + NaClO_4$$

$HClO_4$–HAc标准溶液的浓度用邻苯二甲酸氢钾（KHP）来标定，反应如下：

$$KHP + H_2Ac^+ + ClO_4^- = H_2P + HAc + KClO_4$$

$KClO_4$、$NaClO_4$在乙酸中的溶解度不大，在滴定和标定中会有白色浑浊出现，不影响进一步的滴定。

三、实验用品

1.仪器

分析天平、酸碱滴定管（25.00 mL）各1支、称量瓶2个、锥形瓶（250 mL）3个、移液管及吸量管（20.00 mL、10.00 mL、5.00 mL）、烧杯（500 mL）1个、试剂瓶（500 mL）1个、洗瓶1个、量筒（10 mL）1个、滴管1支。

2.试剂

$HClO_4$溶液、冰乙酸、乙酸酐、邻苯二甲酸氢钾（$KHC_8H_4O_4$）、乙酸钠、结晶紫指示剂。

四、实验内容

1.$HClO_4$–HAc溶液的配制和标定

取800 mL冰乙酸，缓慢滴入8.5 mL 72%的$HClO_4$，摇匀，再缓慢滴加24 mL乙酸酐，并不断摇动，加完后摇匀冷却，加无水冰乙酸稀释至1 L，摇匀，放置24 h，使乙酸酐与水充分反应。

准确称取0.40 g $KHC_8H_4O_4$于250 mL锥形瓶中，加40.00 mL冰乙酸溶解，加1滴结晶紫指示剂，用$HClO_4$–HAc溶液滴定至溶液呈蓝绿色即为终点，记为V_{KClO_4-HAc1}。平行测定3次。

取40.00 mL冰乙酸，采用相同的方法进行滴定，测得$V_{空白1}$。数据记录在表4-12中。

2. 乙酸钠含量的测定

准确称取0.20～0.25 g乙酸钠于250 mL锥形瓶中，加30.00 mL冰乙酸溶解，加8.00 mL乙酸酐，加1滴结晶紫指示剂，用$HClO_4$-HAc溶液滴定至溶液呈蓝绿色即为终点，记为V_{KClO_4-HAc2}。平行测定3次。

取30.00 mL冰乙酸，加8.00 mL乙酸酐，采用相同的方法进行滴定，测得$V_{空白2}$。数据记录在表4-13中。

五、实验数据记录

表4-12　$HClO_4$-HAc溶液的标定

	1	2	3
$m_{KHC_8H_4O_4}$ / g			
V_{KClO_4-HAc1} / mL			
$V_{空白1}$ / mL			
c_{KClO_4-HAc1}/(mol·L^{-1})			
$\bar{c}_{KClO_4-HAc}$/(mol·L^{-1})			
$\bar{d}_r$ / %			

表4-13　乙酸钠含量的测定

	1	2	3
m_{NaAc} / g			
V_{KClO_4-HAc2} / mL			
$V_{空白2}$ / mL			
ω_{NaAc} / %			
$\bar{\omega}_{NaAc}$ / %			
$\bar{d}_r$ / %			

【注意事项】

1. 该实验为非水滴定，滴定中不能引入水，因此所有仪器必须干燥。

2. 乙酸酐由两分子乙酸脱水得到，极易吸水变回乙酸，并且放出大量的热，易引起$HClO_4$爆炸。因此$HClO_4$-HAc与乙酸酐混合时，必须将$HClO_4$缓慢滴入乙酸中，再滴加乙酸酐。

【思考题】

1.$KHC_8H_4O_4$通常用于标定NaOH溶液，为什么在该实验中可用于标定$HClO_4$-HAc溶液？

2.$HClO_4$-HAc溶液中为什么要加入乙酸酐？

3.醋酸钠在水中与在乙酸中的酸性有什么差别，为什么？

实验9　电位滴定法测定食醋中醋酸的含量[2]

一、实验目的

1.掌握pH计的使用方法；

2.掌握电位滴定的数据处理和滴定终点的确定方法。

磷酸的电位滴定

二、实验原理

酸碱滴定过程中，随着滴定剂的加入，待测物与滴定剂发生反应，指示电极的电位或pH不断变化，化学计量点附近产生pH突跃，从而确定终点的方法称为电位滴定法。因此，记录滴定过程中溶液pH的变化就能确定滴定终点，从而确定待测物质的含量。

滴定终点的确定：首先以滴定剂的用量为横坐标，以pH为纵坐标，绘制pH-V曲线。然后采用三切线法确定：滴定曲线两端平坦处各作一条切线a、b，突跃部分作一条切线c，c与a、b的交点分别为A、B，直线AB的中点即为滴定终点（图4-1）。或分别计算得到ΔV（滴定剂体积的增加）与ΔpH（对应的pH的变化），以滴定剂的用量为横坐标，以$\Delta pH/\Delta V$为纵坐标，绘制$\Delta pH/\Delta V$-V曲线，曲线的最高点即为滴定终点（图4-2）。

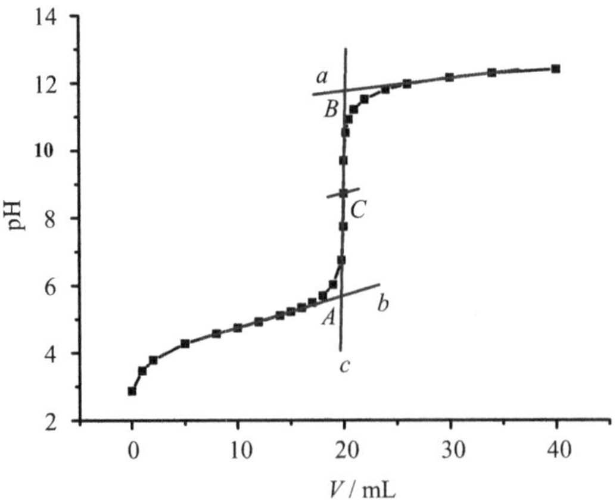

图4-1　pH-V曲线

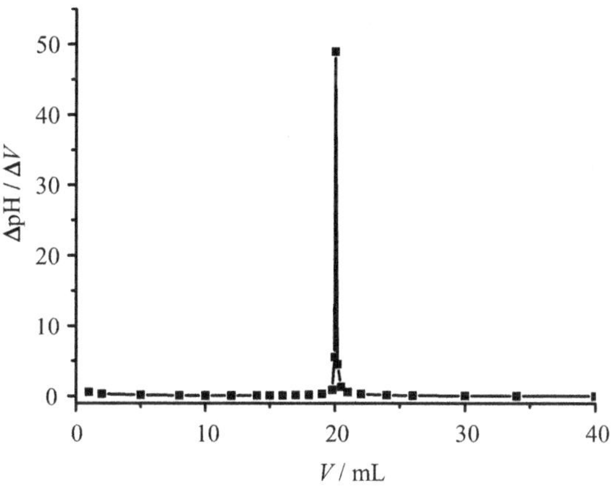

图4-2 ΔpH/ΔV-V曲线

三、实验用品

1.仪器

酸度计、磁子、pH复合电极、容量瓶（100 mL）1个、移液管（20.00 mL）1支、吸耳球、小烧杯（100 mL）2个、量筒（10 mL、100 mL）各1个、洗瓶、玻璃棒。

2.试剂

NaOH、邻苯二甲酸氢钾（$KHC_8H_4O_4$）、食醋、混合磷酸盐标准缓冲溶液（25 ℃，pH=6.86）、硼砂（$Na_2B_4O_7·10H_2O$）标准缓冲溶液（25 ℃，pH=9.18）。

四、实验内容

1.酸度计的安装与校正

（1）预热：按照使用说明组装仪器，连接好电极，开机预热30 min。

（2）定位：待仪器稳定后，调节旋钮至pH挡，调节温度补偿按钮至与被测溶液温度相同。先将斜率旋钮顺时针调到最大，然后将标准缓冲溶液装入小烧杯中，将电极清洗后拭干水分没入装有缓冲溶液的小烧杯中，调节定位按钮直至读数与标准缓冲溶液的pH一致。

（3）调节斜率：将另一标准缓冲溶液装入小烧杯中，将电极清洗后拭干水分没入其中，调节斜率按钮直至读数与该标准缓冲溶液的pH一致。

2. 0.1 mol·L^{-1} NaOH溶液的配制和标定

用台秤称取NaOH固体2 g于小烧杯中，加50 mL蒸馏水溶解，冷却后转入试剂瓶中，加450 mL水稀释至500 mL，摇匀，用橡皮塞塞好瓶口，摇匀备用。

准确称取0.40 g $KHC_8H_4O_4$于100 mL小烧杯中，加40～50 mL水溶解（使电极没入溶液中并能平稳搅拌），用NaOH溶液进行滴定，分别记录滴定过程中消耗的NaOH的体积和对应的pH，绘制滴定曲线并确定至化学计量点时消耗的NaOH的体积，从而可计算得到NaOH的准确浓度。数据记录在表4-14中。

3.食醋中醋酸含量的测定

准确移取20.00 mL食醋于100 mL容量瓶中，定容至刻度线，摇匀。移取20.00 mL稀释后的食醋于100 mL烧杯中，加水30 mL后，用NaOH标准溶液滴定，记录滴定过程中加入的NaOH的体积和对应的pH，以绘制滴定曲线。数据记录在表4-15中。

五、实验数据记录

绘制pH-V曲线和ΔpH/ΔV-V曲线，确定至滴定终点时消耗的NaOH溶液的体积，填入表中。

表4-14　NaOH溶液的标定

	1	2	3
$m_{KHC_8H_4O_4}$ / g			
V_{NaOH} / mL			
c_{NaOH}/(mol·L^{-1})			
$\bar{c}_{NaOH}$/(mol·L^{-1})			
$\bar{d}_r$ / %			

表4-15　醋酸含量的测定

	1	2	3
$V_{酸}$ / mL			
V_{NaOH} / mL			
ρ /(g·100 mL^{-1})			
$\bar{\rho}$ /(g·100 mL^{-1})			
$\bar{d}_r$ / %			

【注意事项】

1.注意将电极完全浸没在溶液中，小心旋开磁子搅拌，注意磁子和电极的相对位置，不要碰到电极。

2.斜率和定位调好后在后面的测定中不能再动，否则需要重新定位及调节斜率。

【思考题】

1.酸度计测定溶液pH的原理是什么？为什么要用标准缓冲溶液定位和校准斜率？

2.计算用NaOH溶液滴定HAc时化学计量点的pH，与实验结果比较，有无不同？相对误差是多少？

水中微量氟离子含量的测定

3.与指示剂确定终点的化学分析法相比，电位滴定法有哪些优缺点？

实验10 醋酸解离度及解离常数的测定[1]

一、实验目的

1.熟练掌握pH计的使用方法；
2.掌握酸碱解离常数的测定方法。

二、实验原理

$$HAc \rightleftharpoons H^+ + Ac^-$$

$$K_a = \frac{[H^+][Ac^-]}{[HAc]} = \frac{[H^+]^2}{c - [H^+]}$$

$$\alpha = \frac{[H^+]}{c} \times 100\%$$

$\alpha<5\%$时：$K_a \approx \frac{[H^+]^2}{c}$，分别测定HAc溶液的浓度$c$与$[H^+]$，即可计算出电离度$\alpha$与解离常数$K_a$。

三、实验用品

1.仪器

酸度计、pH复合电极、容量瓶（50.00 mL）4个、移液管（20.00 mL、10.00 mL、5.00 mL）各1支、吸耳球、小烧杯（50 mL）4个、量筒（10 mL、100 mL）各1个、洗瓶、玻璃棒。

2.试剂

NaOH、邻苯二甲酸氢钾（$KHC_8H_4O_4$）、食醋、混合磷酸盐标准缓冲溶液（25 ℃，pH=6.86）、硼砂（$Na_2B_4O_7 \cdot 10H_2O$）标准缓冲溶液（25 ℃，pH=9.18）。

四、实验内容

1. 0.1 mol·L^{-1} NaOH溶液的配制和标定

参考实验5，数据记录在表4-16中。

2. 0.1 mol·L^{-1} HAc溶液浓度的测定

准确移取20.00 mL 0.1 mol·L^{-1} HAc溶液于250 mL锥形瓶中，加入2滴酚酞指示剂，用NaOH标准溶液滴定至溶液呈粉红色且30 s内不褪色，即为终点。平行测定3份，计算HAc溶液的准确浓度。数据记录在表4-17中。

3. 不同浓度的HAc溶液的配制及pH的测定

移液管移取上述0.1 mol·L^{-1}的HAc溶液20.00 mL、10.00 mL、5.00 mL，分别置于50.00 mL容量瓶中，蒸馏水定容至刻度线，摇匀备用。

将原溶液及稀释好的溶液装入4只50 mL烧杯中，按由稀到浓的顺序分别用pH计测定4种溶液的pH，然后根据数据结果计算解离度及解离常数。数据记录在表4-18中。

五、实验数据记录

表4-16　NaOH溶液的标定

	1	2	3
m_{KHP} / g			
V_{NaOH} / mL			
c_{NaOH}/(mol·L^{-1})			
$\bar{c}_{NaOH}$/(mol·L^{-1})			
$\bar{d}_r$ / %			

表4-17　HAc溶液浓度的测定

	1	2	3
$V_{酸}$ / mL			
V_{NaOH} / mL			
c_{HAc}/(mol·L^{-1})			
$\bar{c}_{HAc}$/(mol·L^{-1})			
$\bar{d}_r$ / %			

表4-18　不同浓度HAc溶液pH的测定

	1	2	3	4
c_{HAc}/(mol·L^{-1})				
pH				
[H^+]				
α				
K_a				
$\bar{K}_a$				

【注意事项】

pH计的使用参考实验9。

【思考题】

1.溶液的酸度与浓度有何区别，造成这种区别的原因是什么？
2.测定解离度的溶液的浓度怎么选择，浓度过低会导致什么后果？
3.计算得到的解离常数与理论结果相比较，有无不同？误差产生的原因有哪些？

实验11　有机酸摩尔质量的测定

一、实验目的

1.熟悉并掌握有机酸摩尔质量的测定原理和方法；
2.熟练称量、溶液配制及滴定操作；
3.了解基准物质的性质及应用。

二、实验原理

常见的有机酸如草酸（$pK_{a1} = 1.23$，$pK_{a2} = 4.19$）、酒石酸（$pK_{a1} = 2.85$，$pK_{a2} = 4.34$）、柠檬酸（$pK_{a1} = 3.15$，$pK_{a2} = 4.77$，$pK_{a3} = 6.39$）等，多是固体酸，在水中都具有一定的溶解性。一元弱酸满足$cK_a \geqslant 10^{-8}$，则可用NaOH标准溶液进行滴定。其滴定突跃处于弱碱性范围之内，故常用酚酞做指示剂，到达滴定终点时溶液呈微红色，由滴定时消耗的NaOH标准溶液的体积、浓度及所称取的纯有机酸的质量，可计算出该有机酸的摩尔质量。若有机酸为多元酸，则需根据多元酸每一级能否被准确滴定的判别式（$c_{ai}K_{ai} \geqslant 10^{-8}$）及相邻两级能否被分别滴定的判别式（$c_{ai}K_{ai} / c_{ai+1}K_{ai+1} \geqslant 10^5$），判断NaOH与多元酸之间反应的计量关系，以此为依据计算有机酸的摩尔质量。

本实验中，因NaOH不是基准物质，所以要采用间接标定法配制NaOH标准溶液，选用邻苯二甲酸氢钾（$pK_{a2} = 5.41$）为基准试剂来标定其浓度。标定时可用酚酞做指示剂。

三、实验用品

1.仪器

碱式滴定管（25.00 mL）、移液管（25.00 mL）、容量瓶（100 mL）、锥形瓶（250 mL）、烧杯。

2. 试剂

NaOH 溶液（0.1 $mol \cdot L^{-1}$）、邻苯二甲酸氢钾（$KHC_8H_4O_4$）基准试剂（在 100～125 ℃下干燥备用）、酚酞指示剂、有机酸试剂（如草酸、酒石酸、柠檬酸、乙酰水杨酸等）。

四、实验内容

1. NaOH 溶液的标定

用递减称量法称取 0.4～0.6 g $KHC_8H_4O_4$ 基准物质于干燥洁净的烧杯中，加 40～50 mL 蒸馏水溶解后，转移至 100 mL 容量瓶中，加蒸馏水至刻度线，定容，充分摇匀，备用。

用移液管准确移取 25.00 mL $KHC_8H_4O_4$ 溶液于锥形瓶中，加入 2～3 滴酚酞指示剂，用待标定的 NaOH 溶液滴定至溶液颜色呈现微红色且 30 s 内不褪色，即到达终点。读取所消耗的 NaOH 溶液的体积并记录。平行滴定 3 份，计算 NaOH 溶液浓度。数据记录在表 4-19 中。

2. 有机酸摩尔质量的测定

根据所选择的有机酸计算所需试样质量，准确称取该有机酸试样，置于干燥的烧杯中，加少量蒸馏水溶解后，转入 100 mL 容量瓶中，加蒸馏水稀释至刻度线，定容，充分摇匀。用 25.00 mL 移液管平行移取 3 份试样溶液分别放入锥形瓶中，加入 2～3 滴酚酞指示剂，用 NaOH 溶液滴定至溶液颜色呈现微红色且 30 s 内不褪色，即到达终点。读取所消耗的 NaOH 溶液的体积并记录。平行滴定 3 份，计算有机酸的摩尔质量。数据记录在表 4-20 中。

五、实验数据记录

1. NaOH 溶液的标定

表 4-19 NaOH 溶液的标定

	1	2	3
$m_{KHC_8H_4O_4}$/g			
V_{NaOH}/mL			
$c_{NaOH}/(mol \cdot L^{-1})$			
$\bar{c}_{NaOH}/(mol \cdot L^{-1})$			

2. 有机酸摩尔质量的测定

表4-20　有机酸摩尔质量的测定

	1	2	3
$m_{有机酸试样}$ / g			
$V_{试液}$ / g			
V_{NaOH} / g			
$M_{有机酸}$ / $(g \cdot mol^{-1})$			
$\overline{M}_{有机酸}$ / $(g \cdot mol^{-1})$			

【注意事项】

1. 按照规定用量加入指示剂，不能过多。
2. 滴定过程中，要保证溶液颜色半分钟内不褪色，才能确定到达滴定终点。
3. 实验数据的记录要注意有效数字位数。

【思考题】

1. 用NaOH溶液滴定有机酸时能否使用甲基橙做指示剂，为什么？
2. 草酸、柠檬酸、酒石酸等多元有机酸能否用NaOH溶液分步滴定？

4.2　络合滴定实验

实验12　保险丝中铅含量的测定

一、实验目的

1. 掌握保险丝的溶样方法；
2. 进一步巩固掩蔽剂在络合滴定中的应用。

二、实验原理

一般的保险丝主要成分为铅及少量的Cu、Sb等元素。用酸溶解后，能与EDTA形成络合物，采用硫脲掩盖Cu、NH_4F掩蔽Sb，用六次甲基四胺调节试液至pH为5～6，以二甲酚橙为指示剂，用EDTA滴定可测定出铅的含量。

三、实验用品

1. 仪器

分析天平、加热套、移液管（20.00 mL）1个、吸耳球、锥形瓶（250 mL）3个、烧杯（100 mL）1个、烧杯（250 mL）2个、滴管、洗瓶、量筒（100 mL）1个、称量瓶、玻璃棒、容量瓶（250 mL）1个。

2. 试剂

0.01 $mol \cdot L^{-1}$ EDTA（称取2 g EDTA二钠盐于250 mL的烧杯中，加水加热溶解后稀释至500 mL，保存于聚乙烯塑料瓶中）、0.01 $mol \cdot L^{-1}$ 锌标准溶液（准确称取基准锌0.17 g于100 mL烧杯中，加入6 $mol \cdot L^{-1}$ HCl 5 mL，立即盖上表面皿，待锌完全溶解后，以少量水冲洗表面皿及烧杯壁，将溶液转入250 mL容量瓶中，用水稀释至刻度，摇匀）、5 $mol \cdot L^{-1}$ HNO_3溶液、5 $g \cdot L^{-1}$ 二甲酚橙、200 $\cdot L^{-1}$ 六次甲基四胺、NH_4F（固体）、硫脲（固体）。

四、实验内容

1.EDTA溶液的标定

平行移取25.00 mL 0.01 $mol \cdot L^{-1}$ 锌标准溶液3份，分别置于250 mL锥形瓶中，加入2滴二甲酚橙指示剂，滴加六次甲基四胺至溶液呈现稳定的紫红色，再过量滴加5 mL，用0.01 $mol \cdot L^{-1}$ EDTA滴定至溶液由紫红色变为亮黄色，即为终点。根据滴定用去的EDTA的体积和金属锌的质量，计算EDTA的摩尔浓度。数据记录在表4-21中。

2. 保险丝中铅含量的测定

称取保险丝试样0.5 g，加入5 $mol \cdot L^{-1}$ HNO_3 20 mL，加热微沸至溶解完全，冷却至室温，定量转入250 mL容量瓶中，用水稀释至刻度，摇匀。

移取上述试液25.00 mL于250 mL锥形瓶中，加水20 mL、NH_4F 1 g、硫脲1 g，加热至60～70℃，保温2 min，冷却至室温，加入二甲酚橙2～3滴，滴加六次甲基四胺溶液，使溶液呈现稳定的紫红色，再过量滴加5 mL，用0.01 $mol \cdot L^{-1}$ EDTA标准溶液滴定至溶液由红色变为亮黄色，即为终点。根据消耗的EDTA的毫升数，计算保险丝中铅的质量分数。数据记录在表4-22中。

五、实验数据记录

表4-21 EDTA溶液的标定

	1	2	3
$V_{混合液}$ / mL			
$V_{EDTA始}$ / mL			
$V_{EDTA末}$ / mL			

续表4-21

	1	2	3
ΔV_{EDTA} / mL			
c_{EDTA}/(mol·L^{-1})			
$\bar{c}_{EDTA}$/(mol·L^{-1})			

表4-22　保险丝中铅含量的测定

	1	2	3
保险丝试样溶液体积 / mL			
EDTA标样消耗体积 / mL			
保险丝中铅的质量分数 / %			
$\bar{d}_r$ / %			

【思考题】

1. 试述二甲酚橙变色原理。
2. 溶解保险丝时能否用HCl和H_2SO_4溶解，为什么？

实验13　EDTA溶液的标定及Bi^{3+}、Pb^{2+}含量的连续测定

一、实验目的

1. 掌握EDTA标准溶液的配制及标定方法；
2. 掌握络合滴定连续测定混合离子的原理及方法；
3. 理解络合滴定指示剂的变色原理和选择原则。

二、实验原理

EDTA先粗略配制，再以二甲酚橙（XO）为指示剂，用六亚甲基四胺缓冲溶液调节至pH为5～6，以$ZnSO_4·7H_2O$为基准物质标定其浓度。

Bi^{3+}、Pb^{2+}均能与EDTA形成稳定的络合物，lg$K$分别为27.94和18.04。由于两者的稳定性相差很大，Δlg$K$=9.90>6，故可采用控制溶液酸度的方法分别进行滴定。先以0.1 mol·L^{-1} HNO_3调节至溶液pH=1，滴定Bi^{3+}，再加入六亚甲基四胺缓冲溶液调节至pH为5～6，滴定Pb^{2+}。指示剂均为二甲酚橙，变色原理如下：指示剂加入到金属离子的溶液中会形成M-In络合物，络合物颜色为紫红色，接近滴定终点时，溶液中金属离子浓度下降，M-In络合物会转变为M-Y络合物，指示剂游离出来。游离指示剂的颜色与溶

液酸碱度有关，在 $pH<6.3$ 时为黄色，在 $pH>6.3$ 时为红色，因此二甲酚橙适用于 $pH<6.3$ 时的络合滴定，滴定终点颜色变化为紫红色变为黄色。

滴定之前　　　滴定中　　　滴定终点

$$M / MIn \longrightarrow MY/ M\text{-}In \longrightarrow MY/ In$$

$$MIn + Y = MY + In$$

三、实验用品

1. 仪器

分析天平、酸式滴定管（25.00 mL）1支、移液管（20.00 mL）1个、吸耳球、锥形瓶（250 mL）3个、烧杯（500 mL）2个、滴管、洗瓶、容量瓶（250 mL）1个、量筒（20.00 mL）1个、称量瓶、玻璃棒。

2. 试剂

0.02 mo1·L^{-1} EDTA溶液、$ZnSO_4·7H_2O$（AR，300 ℃干燥2 h，稍冷后置于干燥器中）、1∶5 HCl、20%六次甲基四胺溶液、0.1 mo1·$L^{-1}$$HNO_3$溶液、二甲酚橙（XO）指示剂（2 g·$L^{-1}$水溶液）、0.02 mo1·$L^{-1}$ Bi^{3+}与0.02 mo1·L^{-1} Pb^{2+}的混合液（含0.15 mo1·L^{-1} HNO_3）。

四、实验内容

1. 0.02 mol·L^{-1} EDTA标准溶液的标定

准确称取1.40～1.45 g $ZnSO_4·7H_2O$于50 mL烧杯中，加30 mL水溶解（若不好溶解，可滴加几滴HCl或适当加热），玻璃棒引流转移至250 mL容量瓶中，适量水洗涤烧杯和玻璃棒3次，洗涤液全部转移至容量瓶中，振荡，用蒸馏水定容至刻度，摇匀备用。

移取20.00 mL上述Zn^{2+}溶液于250 mL锥形瓶中，加入1∶5 HCl 5 mL，滴加2滴二甲酚橙指示剂，滴加六次甲基四胺溶液至溶液呈稳定的紫红色，再过量滴加5 mL，立即用EDTA滴定，当溶液变为亮黄色时即为终点。记下读数，平行测定3次，计算EDTA溶液的浓度。数据记录在表4-23中。

2. Bi^{3+}、Pb^{2+}含量的连续测定

准确移取Bi^{3+}、Pb^{2+}混合液20.00 mL于250 mL锥形瓶中，加入0.1 mol·L^{-1} HNO_3溶液10 mL，滴加2滴二甲酚橙指示剂，用EDTA滴定至黄色，即为Bi^{3+}的终点。

铅铋混合液中铅铋含量的连续测定

在上述滴定Bi^{3+}后的溶液中，滴加六次甲基四胺溶液至溶液呈稳定的紫红色，再过量滴加5 mL，立即用EDTA滴定，当溶液由紫红色变为亮黄色时即为Pb^{2+}的终点。记下读数，计算混合液中Pb^{2+}的含量。数据记录在表4-24中。

五、实验数据记录

表4-23 EDTA溶液的标定

	1	2	3
$m_{ZnSO_4 \cdot 7H_2O}$ / g			
$V_{ZnSO_4 \cdot 7H_2O}$ / mL			
$V_{EDTA始}$ / mL			
$V_{EDTA末}$ / mL			
V_{EDTA} / mL			
c_{EDTA}/(mol·L^{-1})			
$\bar{c}_{EDTA}$/(mol·L^{-1})			
$\bar{d}_r$ / %			

表4-24 Bi^{3+}、Pb^{2+}含量的测定

	1	2	3
V / mL			
$V_{EDTA始1}$ / mL			
$V_{EDTA末1}$ / mL			
V_{EDTA1} / mL			
$V_{EDTA始2}$ / mL			
$V_{EDTA末2}$ / mL			
V_{EDTA2} / mL			
c_1 / (mol·L^{-1})			
c_2 / (mol·L^{-1})			
$\bar{c}_1$ / (mol·L^{-1})			
$\bar{c}_2$ / (mol·L^{-1})			
$\bar{d}_{r1}$ / %			
$\bar{d}_{r2}$ / %			

【注意事项】

1.滴定Bi^{3+}时，应将溶液控制在强酸性范围内，否则Bi^{3+}将水解，会产生白色浑浊。

2.滴定至滴定终点时，应充分摇动。

【思考题】

1.EDTA可以采用哪些基准物质进行标定，本实验采用哪种基准物质最合理？

2. 本实验为什么不用HAc-NaAc缓冲溶液，而用六次甲基四胺调节pH至5～6？

实验14 Bi^{3+}、Fe^{3+}混合溶液中Bi^{3+}、Fe^{3+}浓度的测定

一、实验目的

1. 学习用氧化还原掩蔽法进行混合溶液中各离子的测定；

2. 掌握分别滴定的酸度控制。

二、实验用品

1. 仪器

分析天平、酸式滴定管（25.00 mL）1支、移液管（25.00 mL）1支、吸耳球、锥形瓶（250 mL）3个、烧杯（250 mL）1个、表面皿、滴管、洗瓶、量筒（10 mL）1个、称量瓶、玻璃棒、容量瓶（250 mL）1个。

2. 试剂

0.01 $mol \cdot L^{-1}$ EDTA标准溶液，0.10 $mol \cdot L^{-1}$ HNO_3，Bi^{3+}、Fe^{3+}混合液（含Bi^{3+}、Fe^{3+}各约为0.010 $mol \cdot L^{-1}$，含HNO_3 0.10 $mol \cdot L^{-1}$），5%抗坏血酸溶液，2 $g \cdot L^{-1}$二甲酚橙指示剂，1 $g \cdot L^{-1}$甲基红指示剂（60%乙醇溶液），5 $g \cdot L^{-1}$铬黑T指示剂，1∶1 HCl，1∶1氨水，NH_3-NH_4Cl缓冲溶液，三乙醇胺（1∶2），$CaCO_3$（基准物质），Mg-EDTA溶液。

三、实验原理

Fe^{3+}和Bi^{3+}均能与EDTA形成稳定的1∶1配合物，它们的$\lg K$分别为27.94和25.1，由于两者的$\Delta \lg K = 2.84 < 6$，故不能用控制酸度的方法连续滴定Bi^{3+}和Fe^{3+}。而Fe^{2+}与EDTA形成的配合物的$\lg K$为14.32，故可采用氧化还原掩蔽法掩蔽Fe^{3+}，利用EDTA的酸效应来进行滴定，在不同酸度下分别滴定总浓度和Bi^{3+}的浓度。

先用HNO_3将Bi^{3+}、Fe^{3+}混合溶液的pH调至1.0，再加入二甲酚橙指示剂，用EDTA标准溶液滴定，当溶液由紫红色变为黄色时，即为终点。记下消耗的EDTA的体积，可计算出Bi^{3+}和Fe^{3+}的总浓度。

重新移取Bi^{3+}、Fe^{3+}混合溶液，将pH调至1.0，加入足量抗坏血酸，将Fe^{3+}还原为Fe^{2+}，再加入二甲酚橙指示剂，用EDTA标准溶液滴定。在此酸度下，Bi^{3+}与二甲酚橙指示剂形成紫红色配合物，但Fe^{2+}不与二甲酚橙显色。当溶液由紫红色突变为亮黄色时，即为滴定Bi^{3+}的终点。根据消耗的EDTA的体积，可计算出Bi^{3+}的浓度。

四、实验内容

1. 0.01 mol·L^{-1} EDTA标准溶液的配制和标定

准确称取烘干的$CaCO_3$基准物质0.23～0.27 g，置于250 mL烧杯中，用少量蒸馏水润湿，盖上表面皿，滴加1∶1 HCl至$CaCO_3$完全溶解，用蒸馏水冲洗烧杯内壁和表面皿，将溶液定量转入250 mL容量瓶中，定容后摇匀。

准确移取25.00 mL上述标准溶液于250 mL锥形瓶中，加入1滴甲基红指示剂，滴加1∶1氨水至溶液由红色变为黄色，再加入20 mL蒸馏水、5 mL Mg-EDTA溶液、10 mL NH_3-NH_4Cl缓冲溶液、2～3滴铬黑T指示剂，用EDTA标准溶液滴定至溶液由紫红色突变为蓝绿色，即为终点。平行测定3次，根据$CaCO_3$的质量和消耗的EDTA的体积，计算EDTA溶液的准确浓度。数据记录在表4-25中。

2.Bi^{3+}、Fe^{3+}混合溶液中Bi^{3+}、Fe^{3+}浓度的测定

用移液管移取25.00 mL Bi^{3+}、Fe^{3+}混合溶液于250 mL锥形瓶中，加入2滴二甲酚橙指示剂，用EDTA标准溶液滴定至溶液由紫红色突变为亮黄色，即为终点。平行测定3次，记下消耗的EDTA的体积，计算混合液中Bi^{3+}和Fe^{3+}的总浓度。

重新移取25.00 mL Bi^{3+}、Fe^{3+}混合溶液于250 mL锥形瓶中，加入5 mL 5% 抗坏血酸溶液，摇匀，加入2滴二甲酚橙指示剂，用EDTA滴定，当溶液由紫红色突变为亮黄色时，即为Bi^{3+}的滴定终点。平行测定3次，根据消耗的EDTA的体积，计算混合液中Bi^{3+}的浓度。数据记录在表4-26中。

五、实验数据记录

表4-25　EDTA溶液的标定

	1	2	3
m_{CaCO_3} / g			
$V_{EDTA始}$ / mL			
$V_{EDTA末}$ / mL			
V_{EDTA} / mL			
c_{EDTA}/(mol·L^{-1})			
$\bar{c}_{EDTA}$/(mol·L^{-1})			
$\bar{d}_r$ / %			

表4-26　Bi^{3+}、Fe^{3+}浓度的测定

	1	2	3
$V_{EDTA始}$ / mL			
$V_{EDTA末}$ / mL			
V_{EDTA} / mL			
$c_{总}/(mol \cdot L^{-1})$			
$\bar{c}_{总}/(mol \cdot L^{-1})$			
$\bar{d}_r$ / %			
$V_{EDTA始}$ / mL			
$V_{EDTA末}$ / mL			
V_{EDTA} / mL			
$\rho_{Bi^{3+}}/(g \cdot L^{-1})$			
$\bar{\rho}_{Bi^{3+}}/(g \cdot L^{-1})$			
$\bar{d}_r$ / %			
$\rho_{Fe^{3+}}/(g \cdot L^{-1})$			

【注意事项】

Bi^{3+}易水解，配制混合试液时，所含HNO_3浓度约为0.10 $mol \cdot L^{-1}$。

【思考题】

1.控制溶液至pH = 1.0，能否准确滴定Bi^{3+}?

2.能否利用EDTA的酸效应，通过酸度控制实现Bi^{3+}、Fe^{3+}的分别测定?

3.能否取两份等量混合试液，一份控制至pH = 1.0，用于滴定Bi^{3+}、Fe^{3+}总量，另一份控制至pH为5～6，用于滴定Fe^{2+}?

实验15　EDTA溶液的标定及自来水总硬度的测定

一、实验目的

1.掌握EDTA溶液的配制及标定方法；

2.掌握钙标准溶液的配制方法；

3.了解水硬度的测定原理和方法。

二、实验原理

水硬度的测定分为水的总硬度测定以及钙、镁硬度测定两种，前者是测定钙、镁总量，后者则是分别测定钙和镁的含量。水硬度一般采用度（°）表示，1°= 10 mg CaO / L，小于16°为软水，大于16°为硬水，一般自来水中的总硬度小于16°。此外，还可以mmol / L或mg /L（$CaCO_3$）为单位表示水的硬度。

在pH=10的氨性缓冲液中，以铬黑T（EBT）为指示剂，用EDTA标准溶液滴定，可直接测得水的总硬度。滴定反应为：

$$Ca^{2+}(Mg^{2+}) + Y = CaY(MgY)$$

$$Ca^{2+}(Mg^{2+}) + EBT \longrightarrow \underset{\text{紫红色}}{Mg\text{-}EBT} \longrightarrow Mg\text{-}Y + \underset{\text{蓝色}}{EBT}$$

在pH=12的NaOH溶液中，Mg^{2+}转化为$Mg(OH)_2$沉淀被掩蔽，使用钙指示剂，用EDTA标准溶液滴定，可直接测得水的钙硬度。水的总硬度减去钙硬度即为镁硬度。EDTA标准溶液以$CaCO_3$为基准物质进行标定，滴定条件与钙硬度的测定相同。

$$CaCO_3 + 2HCl = CaCl_2 + H_2O + CO_2\uparrow$$

$$Ca^{2+} + Y = CaY$$

$$Ca^{2+} + \text{钙指示剂} \longrightarrow \underset{\text{紫红色}}{Ca\text{-钙指示剂络合物}} \longrightarrow CaY + \underset{\text{蓝色}}{\text{钙指示剂}}$$

三、实验用品

1.仪器

分析天平、酸式滴定管（25.00 mL）1支、移液管（20.00 mL）1个、吸耳球、锥形瓶（250 mL）3个、烧杯（500 mL）2个、滴管、洗瓶、容量瓶（250 mL）1个、量筒（20.00 mL）1个、称量瓶、玻璃棒。

2.试剂

0.02 $mol\cdot L^{-1}$EDTA溶液、$CaCO_3$（110℃干燥2 h，稍冷后置于干燥器中）、6 $mol\cdot L^{-1}$ HCl溶液、0.1 $mol\cdot L^{-1}$ NaOH溶液、NH_3-NH_4Cl缓冲溶液、钙指示剂（5 $g\cdot L^{-1}$乙醇溶液）、铬黑T指示剂（5 $g\cdot L^{-1}$水溶液）、自来水。

四、实验内容

1. 0.02 $mol\cdot L^{-1}$ EDTA标准溶液的标定

准确称取0.50～0.55 g $CaCO_3$于50 mL烧杯中，加少量水润湿使其呈糊状，盖上表面皿，沿烧杯杯嘴滴加约5 mL 6 $mol\cdot L^{-1}$ HCl溶液，使$CaCO_3$完全溶解。溶解后，用水冲洗烧杯内壁和表面皿，将溶液转移至250 mL容量瓶中，用少量水冲洗烧杯和表面皿3次，冲洗液全部转移至容量瓶中，最后用水定容至刻度，摇匀。

移取20.00 mL上述钙标准溶液于250 mL锥形瓶中，加入5 mL NaOH溶液、2滴钙指示剂，用EDTA标准溶液滴定至蓝色，即为终点。平行测定3次，计算EDTA溶液的浓度。数据记录在表4-27中。

2. 自来水硬度的测定

（1）取100 mL自来水于250 mL锥形瓶中，加入5 mL NH_3-NH_4Cl缓冲溶液、2滴铬黑T指示剂，此时溶液呈紫红色，立即用EDTA标准溶液滴定至蓝色，即为终点。记下读数，平行测定3次，计算自来水的总硬度。

（2）另取100 mL自来水于250 mL锥形瓶中，加入2 mL NaOH溶液、2滴钙指示剂，立即用EDTA标准溶液滴定至紫色变为蓝色，即为终点。记下读数，平行测定3次，计算自来水的钙硬度。数据记录在表4-28中。

五、数据处理

表4-27　EDTA溶液的标定

	1	2	3
m_{CaCO_3} / g			
V_{CaCO_3} / mL			
$V_{EDTA始}$ / mL			
$V_{EDTA末}$ / mL			
V_{EDTA} / mL			
c_{EDTA}/(mol·L^{-1})			
$\bar{c}_{EDTA}$/(mol·L^{-1})			
$\bar{d}_r$ / %			

表4-28　水硬度的测定

	1	2	3
V / mL			
$V_{EDTA始1}$ / mL			
$V_{EDTA末1}$ / mL			
V_{EDTA1} / mL			
$V_{EDTA始2}$ / mL			
$V_{EDTA末2}$ / mL			

续表4-28

	1	2	3
V_{EDTA2} / mL			
$c_{Ca、Mg}$ /(mmol·L^{-1})			
c_{Ca} /(mmol·L^{-1})			
$\bar{d}_{r1}$ / %			
$\bar{d}_{r2}$ / %			
$\bar{c}_{Ca、Mg}$ /(mmol·L^{-1})			
$\bar{c}_{Ca}$ /(mmol·L^{-1})			
$\bar{c}_{Mg}$ /(mmol·L^{-1})			
总硬度 / °			
钙硬度 / °			

【注意事项】

加入指示剂的量要适宜，否则会使终点颜色难以辨认。

【思考题】

1.本实验所使用的EDTA最好用最哪种基准物质来标定，为什么？

2.水样中Mg^{2+}含量低时，用铬黑T指示剂测定Ca^{2+}、Mg^{2+}总量，终点不敏锐，加入MgY的作用是什么？MgY是否应准确加入，为什么？（$\lg K_{Mg-EBT}=7.0$，$\lg K_{Ca-EBT}=5.4$，$\lg K_{Ca-EDTA}=10.69$，$\lg K_{Mg-EDTA}=8.7$）

3.自来水的总硬度以（°）表示时，应保留几位有效数字？100 mL水样应用什么移取？

实验16　铝样品中铝含量的测定

一、实验目的

1.掌握返滴定法测定铝的原理和方法；

2.学习药品分析中试样的前处理方法。

二、实验原理

胃病用药胃舒平（氢氧化铝片）主要成分为氢氧化铝、三硅酸铝、糊精等，可用

EDTA测定其中铝的含量。Al^{3+}易形成一系列多核羟基络合物，导致与EDTA络合反应缓慢；同时Al^{3+}对指示剂二甲酚橙有封闭作用，故通常采用返滴定法测定铝。加入定量且过量的EDTA标准溶液，在pH为3～4的条件下煮沸几分钟，使Al^{3+}与EDTA完全反应，然后在pH为5～6的条件下，以二甲酚橙为指示剂，用Zn^{2+}标准溶液返滴定过量的EDTA，从而测得铝的含量。反应式如下：

$$Al^{3+} + Y = AlY$$

$$Zn^{2+} + Y = ZnY$$

（指示剂XO由黄色突变为紫红色）

三、实验用品

1.仪器

分析天平、酸式滴定管（25.00 mL）1支、移液管（20.00 mL）1个、吸耳球、锥形瓶（250 mL）3个、烧杯（50 mL）2个、滴管、洗瓶、容量瓶（250 mL、50 mL）各1个、量筒（10 mL）1个、称量瓶、玻璃棒、漏斗、滤纸。

2.试剂

0.02 mo1·L^{-1}EDTA溶液、$ZnSO_4·7H_2O$（AR，300℃干燥2 h，稍冷后置于干燥器中）、6 mol·L^{-1} HCl溶液、3 mol·L^{-1} HCl溶液、20%六次甲基四胺溶液、0.1 mo1·L^{-1} HNO_3溶液、二甲酚橙（XO）指示剂（2 g·L^{-1}水溶液）、1：1氨水、胃舒平。

四、实验内容

1. EDTA标准溶液的标定（同实验 13）

准确称取1.40～1.45 g $ZnSO_4·7H_2O$于50 mL烧杯中，加30 mL水溶解（若不好溶解，可滴加几滴盐酸或适当加热），玻璃棒引流转移至250 mL容量瓶中，适量水洗涤烧杯和玻璃棒3次，洗涤液全部转移至容量瓶中，振荡，用蒸馏水定容至刻度，摇匀备用。

移取20.00 mL上述Zn^{2+}溶液于250 mL锥形瓶中，加入1：5 HCl 5 mL、2滴二甲酚橙指示剂，滴加六次甲基四胺溶液至溶液呈稳定的紫红色，再过量滴加5 mL六次甲基四胺溶液，立即用EDTA滴定，当溶液变为亮黄色即为终点。记下读数，平行测定3次，计算EDTA溶液的浓度。数据记录在表4-29中。

2.含铝样品中铝含量的测定

取10片氢氧化铝片，研磨均匀，准确称取0.15 g氢氧化铝样品于小烧杯中，加几滴水润湿，小心滴加2 mL 6 mol·L^{-1} HCl后，加入10 mL水，加热煮沸至溶解，注意勿使液体溅出。静置冷却，并用少量蒸馏水洗涤烧杯和沉淀3次，收集滤液和洗涤液于50 mL容量瓶中，定容，摇匀。

移取铝试液10.00 mL于250 mL锥形瓶中，加水至25 mL，加入20.00 mL EDTA溶液、2滴二甲酚橙指示剂，此时试液为黄色。滴加1∶1氨水至溶液恰好呈紫红色（pH≈7），再滴加3 mol·L^{-1}HCl溶液，使溶液刚好呈黄色（pH≈5），再加3滴HCl溶液使pH为3～4。加热试液至沸腾并保持3 min，使Al^{3+}与EDTA反应完全，冷却至室温。加10 mL 20%的六次甲基四胺，此时溶液颜色应为黄色，pH为5～6（若溶液呈红色，需滴加3 mol·L^{-1} HCl溶液至溶液呈黄色）。补加1～2滴二甲酚橙，用Zn^{2+}标准溶液滴定至黄色恰好变为紫红色，即为终点。记录所消耗Zn^{2+}标准溶液的体积，平行测定3次，计算含铝样品中铝的含量。数据记录在表4-30中。

五、数据记录及处理

表4-29 EDTA溶液的标定

	1	2	3
$m_{ZnSO_4\cdot 7H_2O}$ / g			
$V_{ZnSO_4\cdot 7H_2O}$ / mL			
$V_{EDTA始}$ / mL			
$V_{EDTA末}$ / mL			
V_{EDTA} / mL			
c_{EDTA} /(mol·L^{-1})			
$\bar{c}_{EDTA}$ /(mol·L^{-1})			
$\bar{d}_r$ / %			

表4-30 铝含量的测定

	1	2	3
V_{Al} / mL			
V_{EDTA} / mL			
$V_{Zn始}$ / mL			
$V_{Zn末}$ / mL			
V_{Zn} / mL			
ω_{Al} / %			
$\bar{\omega}_{Al}$ / %			
$\bar{d}_r$ / %			

【思考题】

1.试解释铝含量测定中颜色变化的原因。

2.Al^{3+}为什么不能直接用EDTA进行滴定，原因有哪些?

3.加入六亚甲基四胺之后为什么溶液会呈现不同的颜色，原因有哪些?

4.样品测定时为什么至少要取10片，研磨之后再称取相应的质量?

实验17　水样中SO_4^{2-}含量的测定[1]

一、实验目的

1.掌握返滴定法测定SO_4^{2-}的原理和方法；

2.掌握水样中各种金属离子的掩蔽方法。

二、实验原理

溶液中SO_4^{2-}的含量，可通过以下方法测定：加入一定量过量的$BaCl_2$溶液，使SO_4^{2-}全部转化为$BaSO_4$沉淀，再在pH=10的氨性缓冲溶液中，使用铬黑T指示剂，用EDTA返滴定剩余的Ba^{2+}，从而可测定出SO_4^{2-}的含量。反应式如下：

$$SO_4^{2-} + Ba^{2+} = BaSO_4$$

$$Ba^{2+} + Y = BaY$$

Ba^{2+}与铬黑T指示剂显色不灵敏，可加入少量的Mg^{2+}溶液，即加入一定量且过量的$Ba^{2+}-Mg^{2+}$溶液，再用EDTA返滴定剩余的$Ba^{2+}-Mg^{2+}$，使终点变色敏锐。

水样中存在的大量金属离子会对测定产生影响：$Ba^{2+}-Mg^{2+}$通过空白实验进行校正；Cu^{2+}及Pb^{2+}分别用Na_2S、KCN掩蔽；Fe^{3+}及Al^{3+}用三乙醇胺掩蔽。水样中Ba^{2+}含量小于5 mg·L^{-1}时，滴定误差较大；Ba^{2+}含量大于70 mg·L^{-1}时，生成沉淀较多，也会影响滴定，应将沉淀过滤除去或静置沉淀后取上清液进行滴定。

三、实验用品

1.仪器

分析天平、酸式滴定管（25.00 mL）1支、移液管（20.00 mL）1个、吸耳球、锥形瓶（250 mL）3个、烧杯（500 mL）2个、滴管、洗瓶、容量瓶（250 mL）2个、量筒（10 mL）1个、称量瓶、玻璃棒、漏斗、滤纸。

2.试剂

0.02 mol·L^{-1}EDTA溶液、$CaCO_3$、6 mol·L^{-1} HCl溶液、NH_3-NH_4Cl缓冲溶液、铬黑T

指示剂（5 g·L^{-1}水溶液）、甲基红指示剂、1：1氨水、$BaCl_2$、$MgCl_2·6H_2O$、三乙醇胺溶液（20%）、0.2 mL Na_2S溶液（20 g·L^{-1}水溶液）。

四、实验内容

1. EDTA标准溶液的标定（同实验15）

准确称取0.50～0.55 g $CaCO_3$于50 mL烧杯中，加少量水润湿使之呈糊状，盖上表面皿，沿烧杯杯嘴滴加约5 mL 6 mol·L^{-1} HCl溶液，使$CaCO_3$完全溶解。溶解后，用水冲洗烧杯内壁和表面皿，将溶液转移至250 mL容量瓶中，用少量水冲洗烧杯和表面皿3次，冲洗液全部转移至容量瓶中，最后用水定容至刻度，摇匀。

移取20.00 mL上述钙标准溶液于250 mL锥形瓶中，加入5 mL NaOH溶液、2滴钙指示剂，用EDTA滴定至蓝色，即为终点。平行测定3次，计算EDTA溶液的浓度。数据记录在表4-31中。

2. 水样中Ca^{2+}、Mg^{2+}含量的测定（同实验15）

取100 mL自来水于250 mL锥形瓶中，加入5 mL NH_3-NH_4Cl缓冲溶液、2滴铬黑T指示剂，此时溶液呈紫红色，立即用EDTA滴定至蓝色，即为终点。记下读数，平行测定3次，计算自来水的总硬度，即Ca^{2+}、Mg^{2+}总含量。数据记录在表4-32中。

3.Mg^{2+}-Ba^{2+}混合液的配制及标定

准确称取0.40 g $MgCl_2·6H_2O$、0.50 g $BaCl_2$于50 mL烧杯中，加水使之完全溶解。溶解后，将溶液转移至250 mL容量瓶中，用少量水冲洗烧杯和玻璃棒3次，冲洗液全部转移至容量瓶中，最后用水定容至刻度，摇匀。

取Mg^{2+}-Ba^{2+}混合液20.00 mL于250 mL锥形瓶中，加入5 mL NH_3-NH_4Cl缓冲溶液、1 mL三乙醇胺溶液、0.5 mL Na_2S溶液、2滴铬黑T指示剂，此时溶液呈紫红色，立即用EDTA滴定至蓝色，即为终点。记下读数，平行测定3次，即可计算出Mg^{2+}-Ba^{2+}总浓度。数据记录在表4-33中。

4. 水样中SO_4^{2-}含量的测定

准确移取100 mL自来水于250 mL锥形瓶中，加入6 mol·L^{-1}HCl溶液调节至溶液呈酸性，再加入一定体积且过量的Mg^{2+}-Ba^{2+}混合液10～25 mL（加入Mg^{2+}-Ba^{2+}混合液的多少由水样中SO_4^{2-}的含量决定，一般待沉淀静置下沉后继续滴加Mg^{2+}-Ba^{2+}混合液至不再产生浑浊，即表明基本沉淀完全，然后再过量滴加5～10 mL），加热至沸腾，使沉淀完全。冷却至室温，加1滴甲基红指示剂，此时溶液应为红色，滴加氨水至溶液颜色刚好变为黄色，pH≈6。加入10 mL NH_3-NH_4Cl缓冲溶液、2 mL三乙醇胺溶液、0.2 mL Na_2S溶液、3滴铬黑T指示剂，此时溶液呈紫红色，立即用EDTA滴定至蓝绿色，即为终点。记下读数，平行测定3次，计算水样中SO_4^{2-}的含量。数据记录在表4-34中。

五、数据记录及处理

表4-31　EDTA溶液的标定

	1	2	3
m_{CaCO_3} / g			
V_{CaCO_3} / mL			
c_{CaCO_3}/(mol·L^{-1})			
$V_{EDTA始}$ / mL			
$V_{EDTA末}$ / mL			
V_{EDTA} / mL			
c_{EDTA}/(mol·L^{-1})			
$\bar{c}_{EDTA}$/(mol·L^{-1})			
$\bar{d}_r$ / %			

表4-32　水中Ca^{2+}、Mg^{2+}含量的测定

	1	2	3
$V_{水样}$ / mL			
$V_{EDTA始2}$ / mL			
$V_{EDTA末2}$ / mL			
V_{EDTA2} / mL			
$\bar{d}_r$ / %			

表4-33　Mg^{2+}-Ba^{2+}混合液的标定

	1	2	3
$V_{Mg^{2+}-Ba^{2+}}$ / mL			
$V_{EDTA始3}$ / mL			
$V_{EDTA末3}$ / mL			
V_{EDTA3} / mL			
$c_{Mg^{2+}-Ba^{2+}}$/(mol·L^{-1})			
$\bar{c}_{Mg^{2+}-Ba^{2+}}$/(mol·L^{-1})			
$\bar{d}_r$ / %			

表4-34　水样中SO_4^{2-}含量的测定

	1	2	3
$V_{水样}$ / mL			
$V_{Mg^{2+}-Ba^{2+}}$ / mL			
$V_{EDTA始4}$ / mL			
$V_{EDTA末4}$ / mL			
V_{EDTA4} / mL			
$c_{SO_4^{2-}}$ /(mol·L^{-1})			
$\bar{c}_{SO_4^{2-}}$ /(mol·L^{-1})			
$\bar{d}_r$ / %			

【注意事项】

1. 水样中Ca^{2+}、Mg^{2+}含量的测定是为了作为空白对照，排除其消耗的EDTA，因此，水样的体积应与SO_4^{2-}含量测定中水样的体积完全一致。

2. 表4-34中消耗的EDTA的量减去空白水样消耗的EDTA量，即为加入的Mg^{2+}-Ba^{2+}混合液沉淀之后剩余的Mg^{2+}-Ba^{2+}消耗的EDTA，即剩余的Mg^{2+}-Ba^{2+}的物质的量，用公式表示为：$c_{EDTA}(V_{EDTA4}-V_{EDTA2})$。加入$Mg^{2+}$-$Ba^{2+}$的总物质的量减去剩余的$Mg^{2+}$-$Ba^{2+}$的物质的量，即为$BaSO_4$的物质的量，用公式表示为：$c_{Mg^{2+}-Ba^{2+}}V_{Mg^{2+}-Ba^{2+}}-c_{EDTA}(V_{EDTA4}-V_{EDTA2})$。

【思考题】

1. 试样中SO_4^{2-}含量的测定有哪些方法，它们的优缺点各有哪些？
2. EDTA的标定有哪些方法，应如何选择？

4.3　氧化还原滴定实验

实验18　$KMnO_4$溶液的标定及H_2O_2含量的测定

一、实验目的

1. 掌握$KMnO_4$标准溶液的配制及标定方法；
2. 掌握高锰酸钾法测定H_2O_2含量的原理及方法。

二、实验原理

在稀硫酸溶液中H_2O_2能定量迅速地被$KMnO_4$氧化，因此可以用$KMnO_4$标准溶液直接滴定测定其含量。滴定反应为：

$$5H_2O_2 + 2\,MnO_4^- + 6\,H^+ = 2\,Mn^{2+} + 5O_2\uparrow + 8H_2O$$

该反应开始时速率比较慢，即第一滴$KMnO_4$加入后褪色缓慢，待生成少量Mn^{2+}后，由于Mn^{2+}的催化作用，反应速率加快，故加入的$KMnO_4$的褪色逐渐加快，滴定速度也可适当加快，滴定到化学计量点附近，稍过量的$KMnO_4$会呈现稳定的微红色，且30 s内不褪色，即为滴定终点。该反应为自动催化反应，并且不需要额外加入指示剂。

$KMnO_4$含有MnO_2、硫酸盐、氯化物、硝酸盐等杂质，因此应采用间接法配制。基准物质常采用$Na_2C_2O_4$，在稀硫酸溶液中，将温度控制在75～85 ℃范围内进行标定，化学反应式为：

$$5C_2O_4^{2-} + 2\,MnO_4^- + 16\,H^+ = 2\,Mn^{2+} + 10CO_2\uparrow + 8H_2O$$

该标定反应也是自动催化反应，滴定过程中需注意反应时的酸度、温度及滴定速度的控制。

三、实验用品

1.仪器

台秤、分析天平、酸式滴定管（25.00 mL）1支、移液管（1.00 mL、20.00 mL）1个、吸耳球、锥形瓶（250 mL）3个、烧杯（1000 mL）1个、滴管、洗瓶、量筒（100 mL）1个、称量瓶、玻璃棒、表面皿、棕色瓶、微孔玻璃漏斗、容量瓶（250 mL）1个。

2.试剂

$KMnO_4$、$Na_2C_2O_4$（105～110 ℃烘干2 h，稍冷后置于干燥器中）、3 $mol\cdot L^{-1}$ H_2SO_4溶液、30% H_2O_2、蒸馏水。

四、实验内容

1. 0.02 $mol\cdot L^{-1}$ $KMnO_4$溶液的配制

称取1.6 g $KMnO_4$固体于1000 mL烧杯中，加入500 mL水，盖上表面皿，加热至沸腾并保持微沸状态1 h。冷却后转移至棕色瓶中，在暗处放置2～3天，然后用微孔玻璃漏斗（3号或4号）过滤除去MnO_2等杂质，滤液储存于棕色试剂瓶中备用。也可将$KMnO_4$固体溶解于煮沸过的蒸馏水中，并在暗处放置6～10天，再用玻璃漏斗过滤后备用。也可不过滤，直接取上层清液进行实验。

2. $KMnO_4$标准溶液的标定

准确称取0.13～0.14 g $Na_2C_2O_4$于250 mL锥形瓶中，加入约40 mL蒸馏水溶解，再加入10 mL 3 $mol\cdot L^{-1}$的H_2SO_4溶液，加热至75～85℃，趁热用$KMnO_4$标准溶液滴定。刚开始反应速度较慢，先滴入一滴$KMnO_4$标准溶液，摇动，等溶液褪色后，再滴加第二滴。反应中生成的Mn^{2+}起催化作用，反应速度逐渐加快，滴定速度也可逐渐加快，但滴定中始终不能过快，尤其近化学计量点时，要半滴半滴地缓慢加入，并不断摇动。滴定至溶液呈现淡粉色且30 s内颜色不褪色，即为终点。滴定中要始终保持温度不低于60 ℃，重复滴定至少3次。数据记录在表4-35中。

3. H_2O_2含量的测定

移液管准确移取1.00 mL 30%的H_2O_2试液于250 mL容量瓶中，加水定容至刻度线，摇匀备用。移液管移取20.00 mL稀释后的H_2O_2试液，加入3 mol·L^{-1} H_2SO_4溶液5 mL，用$KMnO_4$标准溶液滴定至微红色且30 s不褪色，即为终点。开始滴定时滴定速度要慢，待溶液中产生了Mn^{2+}后，反应速度加快，滴定速度可适当加快。重复测定至少3次，计算H_2O_2的含量。数据记录在表4-36中。

五、实验数据记录

表4-35 $KMnO_4$溶液的标定

	1	2	3
$m_{Na_2C_2O_4}$ / g			
$V_{KMnO_4始}$ / mL			
$V_{KMnO_4末}$ / mL			
V_{KMnO_4} / mL			
c_{KMnO_4}/(mol·L^{-1})			
$\bar{c}_{KMnO_4}$/(mol·L^{-1})			
$\bar{d}_r$ / %			

表4-36 H_2O_2含量的测定

	1	2	3
$V_{H_2O_2}$ / mL			
$V_{KMnO_4始}$ / mL			
$V_{KMnO_4末}$ / mL			
V_{KMnO_4} / mL			
$\omega_{H_2O_2}$ / %			
$\bar{\omega}_{H_2O_2}$ / %			
$\bar{d}_r$ / %			

【注意事项】

1. $KMnO_4$溶液煮沸并放置2～3天，是为了除去水中还原性的物质，并使之充分反应。

2.$KMnO_4$溶液为深色溶液，应从液面最高处读数。

3.$KMnO_4$滴定终点颜色不稳定，容易与空气中的还原性气体及尘埃等发生反应而褪色，因此30 s不褪色即为终点。

【思考题】

1.$KMnO_4$溶液的配制中要用微孔玻璃漏斗过滤，滤渣主要是什么？能否用滤纸过滤，为什么？

2.$KMnO_4$标定及H_2O_2测定时，能否用HNO_3、HCl或HAc控制酸度，为什么？

3.为什么$KMnO_4$的标定需加热，而H_2O_2的测定在室温下进行？

实验19　铁矿石中全铁含量的测定(无汞法)

一、实验目的

1.学习铁矿石试样的溶解及预处理方法；

2.学习重铬酸钾法测定铁的原理及方法；

3.了解氧化还原指示剂的选择和变色原理。

二、实验原理

铁矿石中全铁含量的测定采用经典的分析方法——重铬酸钾法，即用盐酸分解矿石后，以$SnCl_2$-$HgCl_2$联合预还原Fe^{3+}至Fe^{2+}，然后以二苯胺磺酸钠为指示剂，用$K_2Cr_2O_7$标准溶液滴定其中的Fe^{2+}，从而计算得到全铁的含量。该方法准确度较高，但$HgCl_2$易造成环境污染，故近年来逐渐被无汞法替代。

本实验介绍了三种预还原方法，以减少$HgCl_2$对环境的污染。$SnCl_2$-甲基橙还原法的原理是：Sn^{2+}作为还原剂将Fe^{3+}还原后，过量的Sn^{2+}能够将甲基橙还原为氢化甲基橙而使其褪色，指示还原的终点，而且氢化甲基橙能够继续被Sn^{2+}还原成N,N-二甲基对苯二胺和对氨基苯磺酸，起到消耗过量的Sn^{2+}还原剂的作用。以上反应不可逆且产物不与$K_2Cr_2O_7$反应，不影响后续的滴定。反应在HCl介质中进行，要将HCl溶液的浓度控制在4 $mol \cdot L^{-1}$左右，若大于6 $mol \cdot L^{-1}$，Sn^{2+}会先将甲基橙还原为无色，无法指示Fe^{3+}的还原终点；若小于2 $mol \cdot L^{-1}$，则甲基橙褪色缓慢。

$SnCl_2$-Na_2WO_4-$TiCl_3$联合还原法的原理是：先将大部分Fe^{3+}还原为Fe^{2+}，在近沸条件下趁热缓慢滴加Sn^{2+}并不断搅拌，此时溶液呈淡黄色；以Na_2WO_4为指示剂，继续滴加Ti^{3+}至Fe^{3+}全部还原为Fe^{2+}，稍过量的Ti^{3+}即可将无色的Na_2WO_4还原为钨蓝（五价钨，显蓝色）。然后加入少量的$K_2Cr_2O_7$将钨蓝氧化至蓝色刚好消失，则可进入下一步滴定。

$SnCl_2$-硅钼黄还原法的原理是：先将大部分Fe^{3+}还原为Fe^{2+}，在近沸条件下趁热缓慢滴加Sn^{2+}并不断搅拌，此时溶液呈淡黄色；以硅钼黄为指示剂，继续滴加Sn^{2+}至Fe^{3+}全部还原为Fe^{2+}，稍过量的Sn^{2+}即可将硅钼黄还原为硅钼蓝（显蓝色）而指示还原完全。

滴定反应为：

$$Cr_2O_7^{2-} + 6\ Fe^{2+} + 14\ H^+ = 2\ Cr^{3+} + 6\ Fe^{3+} + 7H_2O$$

二苯胺磺酸钠的电极电位为0.85 V，氧化态为紫红色，还原态为无色，$K_2Cr_2O_7$将指示剂由还原态氧化为氧化态，即无色变为紫红色为终点。由于Fe^{3+}/Fe^{2+}的条件电位为0.68 V，滴定至99.9%时电极电位为0.86 V，指示剂的变色点处于滴定突跃之外，误差较大，因此加入H_3PO_4使Fe^{3+}转化为$Fe(HPO_4)_2^-$而降低Fe^{3+}/Fe^{2+}的电极电位，使指示剂可以在滴定突跃范围内变色，提高了滴定的准确度，同时也消除了$FeCl_4^-$的黄色对终点观察的干扰。

三、实验用品

1.仪器

分析天平、酸式滴定管（25.00 mL）1支、锥形瓶（250 mL）3个、烧杯（500 mL）4个、滴管、洗瓶、量筒（100 mL、10 mL）各1个、称量瓶、玻璃棒、表面皿3个、容量瓶（250 mL）1个。

2.试剂

铁试样（铁矿石或硫酸铁氨），100 g·L^{-1}、50 g·L^{-1} $SnCl_2$溶液，$K_2Cr_2O_7$（150～180℃干燥2 h后备用），H_2SO_4-H_3PO_4混酸（15 mL浓硫酸缓慢加至70 mL水中，冷却后加入15 mL浓磷酸，混匀），浓盐酸，2 g·L^{-1} 二苯胺磺酸钠溶液。

以下试剂三选一：

（1）1 g·L^{-1}甲基橙溶液；

（2）250 g·L^{-1} Na_2WO_4-15 g·L^{-1} $TiCl_3$（100 mL 150 g·L^{-1} $TiCl_3$与700 mL水、200 mL 6 mol·L^{-1} HCl混合储存于棕色瓶中备用）；

（3）硅钼黄［取1.35 g硅酸钠（$Na_2SiO_3\cdot 9H_2O$）于小烧杯中，加入10 mL水、5 mL HCl混匀，加入25 mL 50 g·L^{-1}钼酸铵溶液，稀释至100 mL，放置3天即可使用］。

四、实验内容

1. 0.01 mol·L^{-1} $K_2Cr_2O_7$标准溶液的配制

准确称取0.6～0.7g $K_2Cr_2O_7$固体于100 mL烧杯中，加入适量水使其完全溶解后转移至250 mL容量瓶中，定容至刻度线，摇匀待用。

2.铁矿石或其他含铁样品的溶解

准确称取3份0.1～0.15 g铁矿石（3份0.5～0.6 g硫酸铁氨粉末）于250 mL锥形瓶中，加入少量水润湿后，再加入5 mL浓盐酸溶液、10 mL水（若挥发严重，可适当补加浓盐酸和水），盖上表面皿，小心加热分解试样，若有带色不溶残渣，可滴加2～3滴

100 g·L^{-1} $SnCl_2$溶液助溶。残渣接近白色即表明试样分解完全，用少量水冲洗表面皿及烧杯内壁，溶液为黄色。

3. 样品的预还原

若全部为Fe^{2+}，无Fe^{3+}，可直接进行下一步，还原方法提供以下三种，任选其一即可。

（1）$SnCl_2$-甲基橙还原法：

样品中加入8 mL浓盐酸，加热至近沸，溶液总体积保持在30 mL左右（盐酸浓度为4 mol·L^{-1}），加入6滴甲基橙指示剂，边滴加$SnCl_2$溶液边摇动锥形瓶至橙红色变为红色，缓慢继续滴加$SnCl_2$溶液至溶液恰好为淡红色，若摇动后淡红色褪去，可补加一滴甲基橙与稍过量的$SnCl_2$反应，最终溶液为淡红色，表明$SnCl_2$刚好将Fe^{3+}还原。$SnCl_2$切不可过量。

（2）$SnCl_2$-Na_2WO_4-$TiCl_3$联合还原法：

趁热滴加$SnCl_2$溶液并不断摇动至溶液呈浅黄色，加入4滴Na_2WO_4作为指示剂，加60 mL水稀释，加热至近沸，滴加$TiCl_3$至溶液呈浅蓝色，少量蒸馏水冲洗内壁，流动水冲洗外壁使其迅速降至室温，用稀释十倍的$K_2Cr_2O_7$溶液滴定至蓝色刚好消失。

（3）$SnCl_2$-硅钼黄还原法：

趁热滴加$SnCl_2$溶液并不断摇动至溶液呈浅黄色，加入3滴硅钼黄作为指示剂，此时溶液为黄绿色，继续滴加$SnCl_2$溶液至溶液呈纯蓝色，即为终点（若$SnCl_2$溶液滴加过量，则应加入2%的$KMnO_4$溶液至溶液呈黄绿色，再继续用$SnCl_2$溶液滴加至溶液呈纯蓝色）。

4. 样品中全铁含量的测定

加蒸馏水稀释至150 mL，加入15 mL硫磷混酸、4～6滴二苯胺磺酸钠指示剂，用$K_2Cr_2O_7$标准溶液滴定至溶液呈紫色，即为终点。数据记录在表4-37中。

五、实验数据记录

表4-37 铁含量的测定

	1	2	3
$m_{K_2Cr_2O_7}$ / g			
$V_{K_2Cr_2O_7}$ / mL			
$c_{K_2Cr_2O_7}$/(mol·L^{-1})			
m_{Fe} / g			
$V_{K_2Cr_2O_7始}$ / mL			
$V_{K_2Cr_2O_7末}$ / mL			
$V_{K_2Cr_2O_7}$ / mL			
ω_{Fe} / %			
$\bar{\omega}_{Fe}$ / %			
$\bar{d}_r$			

【注意事项】

铁还原后要迅速冷却并立即用$K_2Cr_2O_7$标准溶液进行滴定，否则Fe^{2+}会在空气中氧化，使结果偏低。

【思考题】

1.铁矿石的分解为什么要在低温下进行？如果加热至沸会有什么后果？

2.$SnCl_2$还原Fe^{3+}的条件是什么？怎样控制$SnCl_2$不过量？Na_2WO_4-$TiCl_3$、甲基橙、硅钼黄分别起什么作用？

3.用$K_2Cr_2O_7$溶液滴定Fe^{2+}时，加入磷酸的作用是什么？

4.有一含铁溶液，怎样分别测定其中的亚铁、高铁、全铁的含量？

实验20 水样中化学需氧量(COD)的测定（高锰酸钾法）

一、实验目的

1.掌握酸性高锰酸钾法测定水中化学需氧量的原理及方法；

2.了解测定化学需氧量的意义。

二、实验原理

化学需氧量（COD）是指用强氧化剂处理水样时，水样中需氧污染物所消耗的氧化剂的量，通常以1 L水中消耗的O_2的质量来表示，单位为mg/L。COD是表示水体污染程度的重要综合性指标之一，是环境保护和水质控制中的重要项目。COD值越高，说明水样中需氧污染物越多，水体污染越严重。COD的测定根据所用氧化剂分为酸性高锰酸钾法、碱性高锰酸钾法、重铬酸钾法。重铬酸钾法可记为COD_{Cr}，是目前应用最广泛、国际通用的测定方法，适合各种水体的测定。高锰酸钾法测得的COD值记为高锰酸钾指数，仅适用于污染不太严重的地表水、饮用水、生活污水的测定。

本实验采用酸性高锰酸钾法，滴定方式采用的是返滴定法。在酸性条件下，向待测水样中加入过量的$KMnO_4$标准溶液，加热水样，使$KMnO_4$与水样中污染物充分反应。反应结束后，将未反应的$KMnO_4$用过量的$Na_2C_2O_4$还原，最后用$KMnO_4$标准溶液返滴定过量的$Na_2C_2O_4$，由此计算出水样的耗氧量。反应方程式为：

$$4MnO_4^-+5C+12H^+ = 4Mn^{2+}+5CO_2\uparrow+6H_2O$$

$$2MnO_4^-+5C_2O_4^{2-}+16H^+ = 2Mn^{2+}+10CO_2\uparrow+8H_2O$$

C泛指水中还原性污染物，即需氧物质，通常为有机物。还原性物质的耗氧量按以下公式换算：

$$4MnO_4^- \sim 5C \sim 5O_2$$

$$\downarrow 5 \quad 4\uparrow \quad \downarrow 4$$

即消耗O_2的物质的量等于$KMnO_4$物质的量的5/4。

三、实验用品

1.仪器

台秤、分析天平、酸式滴定管（25.00 mL）1支、移液管（1.00 mL、20.00 mL）各1个、吸耳球、锥形瓶（250 mL）3个、烧杯（50 mL、1000 mL）各1个、滴管、洗瓶、量筒（100 mL）1个、称量瓶、玻璃棒、表面皿、棕色瓶、微孔玻璃漏斗、容量瓶（250 mL）1个。

2.试剂

0.02 mol·L^{-1} $KMnO_4$溶液、$Na_2C_2O_4$（105～110℃烘干2 h，稍冷后置于干燥器中）、6 mol·L^{-1} H_2SO_4溶液、0.10% $AgNO_3$溶液、蒸馏水。

四、实验内容

1. 0.002 mol·$L^{-1}$$KMnO_4$标准溶液的配制

0.02 mol·$L^{-1}$$KMnO_4$溶液的配制方法参考实验18。准确移取0.02 mol·$L^{-1}$$KMnO_4$溶液25.00 mL于250 mL的容量瓶中，定容，混匀，即可得到0.002 mol·$L^{-1}$$KMnO_4$溶液。

2. 0.005 mol·L^{-1} $Na_2C_2O_4$标准溶液的配制

准确称取0.16～0.18 g $Na_2C_2O_4$于50 mL烧杯中，加约30 mL蒸馏水溶解后转移至250 mL容量瓶中。将烧杯和玻璃棒冲洗3次后，将溶液转移至容量瓶中，定容，混匀待用。

3. 0.002 mol·$L^{-1}$$KMnO_4$标准溶液的标定

准确移取0.005 mol·L^{-1} $Na_2C_2O_4$溶液10.00 mL于250 mL锥形瓶中，加6 mol·$L^{-1}$$H_2SO_4$溶液5 mL，最后趁热用0.002 mol·$L^{-1}$ $KMnO_4$溶液滴定至溶液呈微红色且30 s内不褪色，即为终点，记下$KMnO_4$溶液的用量V_1。数据记录在表4-38中。

4.COD的测定

取适量水样于250 mL锥形瓶中（澄清透明的水样取100 mL，浑浊、污染严重的水样取10～30 mL，稀释至100 mL），加6 mol·L^{-1} H_2SO_4溶液5 mL，调节至溶液为强酸性环境。再加入质量分数为0.10%的$AgNO_3$溶液5 mL以除去水样中的Cl^-（当水样中Cl^-浓度很小时，可以不加$AgNO_3$）。摇匀后准确加入0.002 mol·$L^{-1}$$KMnO_4$溶液10.00 mL（$V_2$），迅速加热至沸腾并控制沸腾时间为10 min，使需氧污染物氧化。整个煮沸过程中$KMnO_4$溶液的颜色不应褪去，否则应补加并准确记录其体积，将其体积加在V_2中。稍冷后（约80℃），加入0.005 mol·L^{-1} $Na_2C_2O_4$标准溶液10.00 mL，摇匀（此时溶液应为无色，否则

应增加体积）。最后趁热用0.002 mol·L^{-1} $KMnO_4$溶液滴定至溶液呈微红色且30 s内不褪色，即为终点，记下$KMnO_4$溶液的用量V_3。数据记录在表4-39中。

5. 水样空白值的测定

在250 mL锥形瓶中加入蒸馏水100 mL、6 mol·L^{-1} H_2SO_4溶液5 mL，在70～80℃下，用0.002 mol·L^{-1} $KMnO_4$溶液滴定至溶液呈微红色且30 s内不褪色，即为终点，记下$KMnO_4$溶液的用量V_4。数据记录在表4-39中。

五、实验数据记录

表4-38　$KMnO_4$溶液的标定

	1	2	3
$m_{Na_2C_2O_4}$ / g			
$V_{KMnO_4始}$ / mL			
$V_{KMnO_4末}$ / mL			
V_1 / mL			
c_{KMnO_4}/(mol·L^{-1})			
$\bar{c}_{KMnO_4}$/(mol·L^{-1}			
$\bar{d}_r$ / %			

表4-39　COD的测定

	1	2	3
$V_水$ / mL			
V_2 / mL			
$V_{KMnO_4始}$ / mL			
$V_{KMnO_4末}$ / mL			
V_3 / mL			
$V_{Na_2C_2O_4}$ / mL			
V_4 / mL			
COD_{Mn}/(mg·L^{-1})			
COD_{Mn}平均值/(mg·L^{-1})			
$\bar{d}_r$ / %			

【注意事项】

1. 水样的采集应注意具有代表性。为了抑制微生物的繁殖，应适当加入硫酸酸化。水样取好后应尽快分析，必要时在0～5 ℃保存，48 h内测定。采集污染水样时可适当稀释，以防微生物繁殖过快。

2. 水样中加入$KMnO_4$煮沸后，若红色消失，说明样品的COD值过高，$KMnO_4$的量不够，需补加$KMnO_4$。

3. 需氧量测定中，$KMnO_4$溶液可从滴定管中放出，后续的滴定可用此滴定管继续滴定（不需补加调节零点），只需记录一个样品中加入的$KMnO_4$溶液的总体积。

【思考题】

1. 水样中Cl^-含量高时，若不去除，会对测定有什么影响？

2. 水样中COD的测定有何意义？测定COD有哪些方法？

实验21　水样中化学需氧量(COD)的测定（重铬酸钾法）

一、实验目的

1. 了解测定COD的意义和方法；

2. 掌握重铬酸钾法测定COD的原理和方法。

二、实验原理

高锰酸钾法适用于较清洁的水样COD的测定，操作简单、快捷。但工业废水、污水等由于化学成分复杂，有些有机物难以被$KMnO_4$氧化，反应条件难以控制，因此工业废水、污水等较复杂水体分析常采用重铬酸钾法，$K_2Cr_2O_7$优于$KMnO_4$，能将大部分有机物氧化。

在强酸性溶液中，加入一定量的$K_2Cr_2O_7$氧化水中的还原性物质，过量的$K_2Cr_2O_7$以试亚铁灵为指示剂，用硫酸亚铁铵溶液返滴，根据$K_2Cr_2O_7$及硫酸亚铁铵溶液的用量，可计算出水样中还原性物质消耗的氧的质量。

酸性$K_2Cr_2O_7$氧化性很强，可氧化大部分有机物，但不能氧化直链烃、芳香烃等；加入硫酸银做催化剂时，可氧化直链脂肪族化合物，而苯、吡啶等仍不被氧化；挥发性直链脂肪族化合物、苯等沸点低、易挥发，以气态存在，不能与液体中氧化剂接触，氧化不明显。Cl^-能被重铬酸盐氧化，并且能与催化剂硫酸银反应产生沉淀，因此在回流前应向水样中加入硫酸汞，使之成为络合物以排除干扰。若水样中Cl^-含量高于

2000 mg·L^{-1}，应先做定量稀释，使含量降至2000 mg·L^{-1}以下，再进行测定。

三、实验用品

1.仪器

圆底烧瓶、回流冷凝管、分析天平、酸式滴定管（25.00 mL）1支、锥形瓶（500 mL）3个、烧杯（250 mL）5个、烧杯（500 mL）1个、滴管多个、洗瓶、量筒（10 mL、100 mL）各1个、称量瓶、玻璃棒、表面皿3个、容量瓶（500 mL、1000 mL）各1个、移液管、电热板、变阻电炉、磁力搅拌器。

2.试剂

$K_2Cr_2O_7$、邻菲啰啉、硫酸亚铁、硫酸亚铁铵、浓硫酸、硫酸银、硫酸汞。

四、实验内容

1.溶液的配制

（1）$K_2Cr_2O_7$标准溶液：称取5.9～6.1 g基准物质$K_2Cr_2O_7$溶于水中，移入500 mL容量瓶，定容至标线，摇匀。

（2）试亚铁灵指示液：称取1.485 g邻菲啰啉、0.695 g硫酸亚铁溶于水中，稀释至100 mL，储存于棕色瓶中。

（3）硫酸亚铁铵标准溶液：称取98 g硫酸亚铁铵溶于水中，边搅拌边滴加20 mL浓硫酸，冷却后移入1000 mL容量瓶中，用水稀释至标线，摇匀。临用前，用$K_2Cr_2O_7$标准溶液标定。

2.硫酸亚铁铵标准溶液的标定

移取25.00 mL $K_2Cr_2O_7$标准溶液于500 mL烧杯中，加水稀释至250 mL左右，缓慢加入20 mL浓硫酸，混匀。冷却后，加入3滴试亚铁灵指示剂，用硫酸亚铁铵滴定，溶液的颜色由黄色经绿蓝色变为红蓝色，即为终点。平行测定3次。数据记录在表4-40中。

3.水样中COD的测定

（1）取50.00 mL混合均匀的水样（或适量水样稀释至50 mL）于250 mL圆底烧瓶中，准确加入25.00 mL $K_2Cr_2O_7$标准溶液，放入磁子（或数粒洗净的玻璃珠或沸石），打开磁力搅拌器，缓慢加入75 mL浓硫酸，加入1 g硫酸银，连接好回流冷凝管，加热回流2 h（自开始沸腾时计时）。

（2）废水中氯离子含量超过30 mg·L^{-1}时，应先把1 g硫酸汞加入回流烧瓶中，再加废水样，摇匀。后续操作同实验步骤（1）。

（3）冷却后，用约25 mL蒸馏水从上部慢慢冲洗冷凝管壁，取下回流烧瓶，将混合液转移至500 mL锥形瓶中，冲洗烧瓶3次以上，加蒸馏水稀释至溶液总体积为350 mL，不得少于140 mL或多于350 mL，否则酸度太大或太小，会导致滴定终点不明显。

（4）溶液再次冷却，加3滴试亚铁灵指示剂，用硫酸亚铁铵标准溶液滴定，溶液的颜色由黄色经绿蓝色变为红蓝色，即为终点，记录硫酸亚铁铵标准溶液的用量。平行测定3次。

（5）用蒸馏水替代水样，按以上步骤做空白实验。记录空白实验中硫酸亚铁铵标准溶液的用量。数据记录在表4-41中。

五、实验数据记录

表4-40 硫酸亚铁铵标准溶液的标定

	1	2	3
$m_{K_2Cr_2O_7}$ / g			
$c_{K_2Cr_2O_7}$/(mol·L^{-1})			
$V_{K_2Cr_2O_7}$ / mL			
$V_{Fe^{2+}始}$ / mL			
$V_{Fe^{2+}末}$ / mL			
$V_{Fe^{2+}}$ / mL			
$c_{Fe^{2+}}$ /(mol·L^{-1})			
$\bar{c}_{Fe^{2+}}$ /(mol·L^{-1})			
$\bar{d}_r$ / %			

表4-41 水样中COD的标定

	1	2	3
$V_{K_2Cr_2O_7}$ / mL			
$V_{Fe^{2+}始}$ / mL			
$V_{Fe^{2+}末}$ / mL			
$V_{Fe^{2+}}$ / mL			
$V_{Fe^{2+}空白}$ / mL			
COD_{Cr} /(mg·L^{-1})			
$COD_{Cr平均值}$ /(mg·L^{-1})			
$\bar{d}_r$ / %			

【注意事项】

1.每次水样采集时都应注意采集点和深度，以确保其具有代表性。

2.每次实验时都应对硫酸亚铁铵标准溶液进行标定，室温较高时尤其应注意浓度的变化。

3.滴加硫酸时，注意在磁力搅拌或摇动下缓慢滴加。

【思考题】

1.加热回流温度对结果有什么影响，为什么？
2.重铬酸钾法、高锰酸钾法测定COD有哪些优缺点？
3.重铬酸钾法测定COD时，如何减少测定时间及测定成本？

实验22 葡萄糖和维生素C含量的测定(碘量法)

一、实验目的

1.掌握I_2标准溶液、$Na_2S_2O_3$标准溶液的配制、保存及标定方法；
2.掌握间接碘量法测定葡萄糖含量的原理和方法；
3.掌握直接碘量法测定维生素C含量的原理和方法。

二、实验原理

碘量法是氧化还原滴定中常用的方法之一，在碘量法中，常用到I_2标准溶液和$Na_2S_2O_3$标准溶液。$Na_2S_2O_3$固体一般都含有少量的S、Na_2SO_3、Na_2SO_4、Na_2CO_3、NaCl等杂质，还容易风化和潮解，因此需采用间接法进行配制。$Na_2S_2O_3$溶液还易受到微生物、空气，以及水中O_2、CO_2的影响。$Na_2S_2O_3$标准溶液配制时需用新煮沸并冷却的蒸馏水，溶液中加入Na_2CO_3保持弱碱性，暗处放置3～5天后用重铬酸钾-间接碘量法进行标定。反应如下：

$$Cr_2O_7^{2-} + 6\ I^- + 14\ H^+ = 3\ I_2 + 2\ Cr^{3+} + 7H_2O$$

$$I_2 + 2\ S_2O_3^{2-} = 2\ I^- + S_4O_6^{2-}$$

$$Cr_2O_7^{2-} \sim 3\ I_2 \sim 6\ S_2O_3^{2-}$$

纯度高的I_2可以通过升华法制得，作为基准物质直接配制标准溶液。I_2标准溶液也可先粗略配制再进行标定得到：配制时需加入KI，以增大在水中的溶解性，再用已标定好的$Na_2S_2O_3$标准溶液进行标定。

碱性溶液中，碘单质可歧化成IO^-和I^-，IO^-能定量地将葡萄糖（$C_6H_{12}O_6$）氧化成葡萄糖酸（$C_6H_{12}O_7$），未与$C_6H_{12}O_6$反应的IO^-进一步歧化为IO_3^-和I^-；酸性溶液中，IO_3^-与I^-作用析出I_2，析出的I_2用$Na_2S_2O_3$标准溶液滴定，即可计算出$C_6H_{12}O_6$的含量，有关反应式如下：

I_2的歧化：

$$I_2 + 2OH^- = IO^- + I^- + H_2O$$

$C_6H_{12}O_6$的氧化：

$$C_6H_{12}O_6+IO^- = I^- + C_6H_{12}O_7$$

总反应式：

$$I_2+C_6H_{12}O_6 +2OH^- = C_6H_{12}O_7 +2I^- + H_2O$$

未反应的IO^-在碱性条件下的进一步歧化：

$$3IO^- = IO_3^- +2I^-$$

酸性条件下析出I_2：

$$IO_3^- +5I^- +6H^+ = 3I_2 +3H_2O$$

I_2用标准$Na_2S_2O_3$溶液滴定：

$$I_2 +2S_2O_3^{2-} = 2I^- + S_4O_6^{2-}$$

I_2氧化葡萄糖的定量关系：

$$C_6H_{12}O_6 \sim I_2 \sim 2S_2O_3^{2-}$$

未氧化的I_2的定量关系：

$$3I_2 \sim 3IO^- \sim IO_3^- \sim 3I_2 \sim 6S_2O_3^{2-}$$

碘量法均使用淀粉溶液指示终点，以上均为间接碘量法，碘与淀粉形成的蓝色物质颜色褪去表示滴定终点的到达，指示剂应该在临近终点时加入。

维生素C（$C_6H_8O_6$）又称抗坏血酸，具有还原性，能被碘单质定量氧化，反应式如下：

$$C_6H_8O_6+I_2 = C_6H_6O_6+2HI$$

因此，维生素C可用I_2直接滴定，该方法为直接碘量法，淀粉指示剂在滴定开始时加入。

三、实验用品

1. 仪器

分析天平、酸碱滴定管（25.00 mL）各1支、移液管（20.00 mL）2个、吸耳球、锥形瓶（250 mL）3个、烧杯（500 mL）4个、滴管、洗瓶、量筒（100 mL）1个、称量瓶、玻璃棒、表面皿、容量瓶（250 mL、1000 mL）各1个。

2. 试剂

$Na_2S_2O_3 \cdot 5H_2O$、Na_2CO_3、$K_2Cr_2O_7$、100 g·L^{-1} KI溶液、6 mol·L^{-1} HCl溶液、I_2固体、KI固体、0.2 mol·L^{-1} NaOH溶液、葡萄糖注射液或葡萄糖粉末、5 g·L^{-1}淀粉溶液、2 mol·L^{-1} HAc溶液、维生素C药片。

四、实验内容

1. 0.1 mol·L^{-1} $Na_2S_2O_3$标准溶液的配制和标定

（1）配制：称取25 g $Na_2S_2O_3 \cdot 5H_2O$固体于烧杯中，加入300 mL新煮沸并冷却的蒸馏水，溶解后转移至1000 mL棕色容量瓶中。加入约0.1 g Na_2CO_3，继续加入新煮沸并冷却的蒸馏水稀释至1 L，暗处密封放置3～5天，标定后使用。

（2）标定：移取20.00 mL $K_2Cr_2O_7$标准溶液（浓度约为0.017 mol·L^{-1}，实际浓度由称量的$K_2Cr_2O_7$的质量计算得到）于250 mL锥形瓶中，加入10 mL 100 g·L^{-1} KI溶液和5 mL 6 mol·L^{-1} HCl，摇匀，用表面皿盖上瓶口，于暗处放置5 min使反应完全。取出后，加入50 mL蒸馏水稀释，立刻用待标定的$Na_2S_2O_3$溶液滴定至试液为浅黄色，加入2 mL淀粉做指示剂，滴定至蓝色消失（溶液为Cr^{3+}的颜色：亮绿色），即为终点，记录所消耗的$Na_2S_2O_3$的体积。平行测定3次，计算$Na_2S_2O_3$溶液的浓度。数据记录在表4-42中。

2. 0.05 mol·L^{-1} I_2标准溶液的配制和标定

（1）配制：称取3.2 g I_2于研钵中，加5 g KI和少量蒸馏水在通风橱中研磨。待I_2完全溶解后，转移至棕色试剂瓶中，加蒸馏水稀释至250 mL，摇匀，于暗处密封保存。

（2）标定：移取20.00 mL I_2溶液于250 mL锥形瓶中，加50 mL蒸馏水稀释，用已标定好的$Na_2S_2O_3$标准溶液滴定至溶液呈浅黄色，再加入2 mL淀粉溶液做指示剂，继续滴定至蓝色刚好消失，即为终点。平行测定3次，计算I_2溶液的浓度。数据记录在表4-43中。

3. 葡萄糖含量的测定

准确称量0.1 g葡萄糖粉末于250 mL锥形瓶中，加入20.00 mL I_2标准溶液（记录准确读数），缓慢滴加0.2 mol·L^{-1} NaOH溶液，边滴加边摇动，直至溶液呈淡黄色，用表面皿将锥形瓶盖好，放置15 min使反应完全，用少量水冲洗表面皿底部，然后加入2 mL 6 mol·L^{-1} HCl溶液使溶液呈酸性，并立即用$Na_2S_2O_3$标准溶液滴定至溶液呈浅黄色，加入2 mL淀粉指示剂，继续滴至蓝色刚好消失，即为终点。平行滴定3份。数据记录在表4-44中。

4. 维生素C含量的测定

准确称量研磨后的维生素C药片0.2 g，加入新煮沸并冷却的蒸馏水100 mL、2 mol·L^{-1} HAc溶液10 mL、淀粉指示剂1 mL，用I_2标准溶液滴定至蓝色。数据记录在表4-45中。

五、实验数据记录

表4-42 $Na_2S_2O_3$溶液的标定

	1	2	3
$m_{K_2Cr_2O_7}$ / g			
$V_{K_2Cr_2O_7}$ / mL			
$V_{Na_2S_2O_3始}$ / mL			
$V_{Na_2S_2O_3末}$ / mL			
$V_{Na_2S_2O_3}$ / mL			
$c_{Na_2S_2O_3}$/(mol·L^{-1})			
$\bar{c}_{Na_2S_2O_3}$/(mol·L^{-1})			
$\bar{d}_r$ / %			

表4-43 I_2溶液的标定

	1	2	3
V_{I_2} / mL			
$V_{Na_2S_2O_3始}$ / mL			
$V_{Na_2S_2O_3末}$ / mL			
$V_{Na_2S_2O_3}$ / mL			
c_{I_2}/(mol·L^{-1})			
$\bar{c}_{I_2}$/(mol·L^{-1})			
$\bar{d}_r$ / %			

表4-44 葡萄糖含量的测定

	1	2	3
$m_{葡萄糖}$ / g			
V_{I_2} / mL			
$V_{Na_2S_2O_3始}$ / mL			
$V_{Na_2S_2O_3末}$ / mL			
$V_{Na_2S_2O_3}$ / mL			
$\omega_{葡萄糖}$ / %			
$\bar{\omega}_{葡萄糖}$ / %			
$\bar{d}_r$ / %			

表4-45 维生素C含量的测定

	1	2	3
m_{Vc} / g			
$V_{I_2始}$ / mL			
$V_{I_2末}$ / mL			
V_{I_2} / mL			
ω_{Vc} / %			
$\bar{\omega}_{Vc}$ / %			
$\bar{d}_r$ / %			

【注意事项】

1.$Na_2S_2O_3$溶液滴定I_2标准溶液至终点时蓝色消失，试液放置5～10 min会变蓝是溶液中的I^-被空气氧化的缘故。在$Na_2S_2O_3$溶液的标定中，若滴定后试液变蓝且不断加深，则说明$Cr_2O_7^{2-}$与I^-的反应不完全，实验应重做。

2.滴加NaOH的速度要慢，否则会使生成的IO^-来不及与葡萄糖反应就发生了歧化反应，生成的I^-和IO_3^-最终转化为I_2，使测定结果偏低。

【思考题】

1.配制I_2溶液时，为何要加入KI?

2.维生素C试样溶解时，为何要加入新煮沸并冷却的蒸馏水?

3.为什么直接碘量法中淀粉指示剂在开始时加入，间接碘量法中淀粉指示剂在接近终点时加入?

实验23 铜盐中铜含量的测定(间接碘量法)

一、实验目的

1.掌握$Na_2S_2O_3$溶液的配制及标定方法；

2.了解间接碘量法中误差的来源，掌握间接碘量法测定铜的基本原理；

3.掌握间接碘量法测定铜盐中铜含量的方法。

二、实验用品

1.仪器

分析天平、酸式滴定管（50.00 mL）1支、移液管（25.00 mL）1支、吸耳球、锥形瓶（250 mL）3个、烧杯（100 mL）1个、滴管、洗瓶、量筒（10 mL）4个、称量瓶、玻璃棒、容量瓶（250 mL）1个。

2.试剂

100 $g\cdot L^{-1}$ KI溶液、0.1 $mol\cdot L^{-1}$ $Na_2S_2O_3$标准溶液、5 $g\cdot L^{-1}$淀粉溶液、100 $g\cdot L^{-1}$ KSCN溶液、Na_2CO_3（AR）、$K_2Cr_2O_7$（基准物质）、1 $mol\cdot L^{-1}$ H_2SO_4溶液、铜盐试样。

三、实验原理

在弱酸性溶液中（pH为3～4），Cu^{2+}与过量的KI作用生成不溶性的CuI沉淀，并定量析出I_2：

$$2Cu^{2+} + 4I^- = 2CuI\downarrow + I_2$$

或 $$2Cu^{2+} + 5I^- = 2CuI\downarrow + I_3^-$$

在上述反应中，I^-既是Cu^{2+}的还原剂，又是Cu^{2+}的沉淀剂和I_2的络合剂。生成的I_2用$Na_2S_2O_3$标准溶液滴定，以淀粉为指示剂，滴定至溶液的蓝色刚好消失即为终点。

$$I_2 + 2S_2O_3^{2-} = 2I^- + S_4O_6^{2-}$$

由于CuI沉淀表面易吸附少量I_2，这部分I_2不与淀粉作用，会导致终点提前，使分析结果偏低，因此为了减少CuI沉淀对I_2的吸附，应在临近终点时（即大部分I_2被$Na_2S_2O_3$溶液滴定后）加入KSCN，使CuI沉淀转化为更难溶的CuSCN沉淀。

$$CuI + SCN^- = CuSCN\downarrow + I^-$$

CuSCN不吸附I_2，从而使被CuI沉淀吸附的I_2释放出来，可以提高测定结果的准确度。但为了防止I_2对SCN^-的氧化，KSCN应在临近终点时加入。

根据$Na_2S_2O_3$标准溶液的浓度、消耗的体积及试样的重量，可以计算出试样中铜的含量。

间接碘量法必须在弱酸性或中性溶液中进行。若试样中含有铁，可加入NH_4HF_2，使共存的Fe^{3+}转化为FeF_6^{3-}，以降低Fe^{3+}/Fe^{2+}电对电位，消除Fe^{3+}对Cu^{2+}测定的干扰。同时利用$HF-F^-$的缓冲作用控制溶液的酸度，使pH为3～4。

四、实验内容

1. 0.1 mol·L^{-1} $Na_2S_2O_3$溶液的标定

准确称取1.0～1.2 g $K_2Cr_2O_7$基准物质于烧杯中，加蒸馏水溶解后定量转移至250 mL容量瓶中，定容，摇匀。准确移取25.00 mL $K_2Cr_2O_7$标准溶液于锥形瓶中，加入15 mL 1 mol·L^{-1} H_2SO_4溶液、10 mL 100 g·L^{-1} KI溶液，摇匀，置于暗处放置5 min后，加入40 mL蒸馏水，用待标定的$Na_2S_2O_3$溶液滴定至溶液呈黄绿色，加入3 mL 5 g·L^{-1}淀粉溶液，继续滴定至溶液呈亮绿色，即为终点。平行滴定3次，计算$Na_2S_2O_3$溶液的浓度。数据记录在表4-46中。

2. 铜盐中铜含量的测定

准确称取0.5～0.6 g铜盐试样于250 mL锥形瓶中，加入3 mL 1 mol·L^{-1} H_2SO_4溶液和100 mL蒸馏水使其溶解，再加入10 mL 100 g·L^{-1} KI溶液，立即用0.1 mol·L^{-1} $Na_2S_2O_3$溶液滴定至浅黄色，然后加入3 mL淀粉指示剂，继续滴定至浅蓝色。再加入10 mL 100 g·L^{-1} KSCN溶液，充分振摇后，溶液的蓝色加深，继续用$Na_2S_2O_3$标准溶液滴定至蓝色刚好消失，即为终点。平行测定3次，计算试样中铜的质量分数。数据记录在表4-47中。

五、实验数据记录

表4-46　$Na_2S_2O_3$溶液的标定

	1	2	3
$m_{K_2Cr_2O_7}$ / g			
$V_{K_2Cr_2O_7}$ / mL			
$c_{K_2Cr_2O_7}$/(mol·L^{-1})			
$V_{Na_2S_2O_3始}$ / mL			
$V_{Na_2S_2O_3末}$ / mL			
$V_{Na_2S_2O_3}$ / mL			
$c_{Na_2S_2O_3}$/(mol·L^{-1})			
$\bar{c}_{Na_2S_2O_3}$/(mol·L^{-1})			
$\bar{d}_r$ / %			

表4-47　铜盐中铜含量的测定

	1	2	3
$m_{铜盐}$ / g			
$V_{Na_2S_2O_3始}$ / mL			
$V_{Na_2S_2O_3末}$ / mL			
$V_{Na_2S_2O_3}$ / mL			
ω_{Cu} / %			
$\bar{\omega}_{Cu}$ / %			
$\bar{d}_r$ / %			

【注意事项】

1. 0.1 mol·L^{-1} $Na_2S_2O_3$标准溶液的配制：称取25 g $Na_2S_2O_3·5H_2O$于烧杯中，加入300～500 mL新煮沸并冷却的蒸馏水溶解，加入约0.1 g Na_2CO_3，用新煮沸并冷却的蒸馏水稀释至1 L，储存于棕色试剂瓶中，在暗处放置3～5天后标定。

2. 5 g·L^{-1}淀粉溶液的配制：称取0.5 g可溶性淀粉，加入少量的蒸馏水，搅匀，再加入100 mL沸蒸馏水，搅匀。若需放置，可加入少量HgI_2或H_3BO_3作为防腐剂。

3. $K_2Cr_2O_7$与KI的反应较慢，为了加快反应速率，须将溶液的浓度控制在0.2～0.4 mol·L^{-1}，并加入过量KI。$K_2Cr_2O_7$与KI的反应需一定的时间才能进行得比较完全，故需放置5 min后再加水稀释，以降低酸度，防止$Na_2S_2O_3$在滴定过程中遇强酸而分解。

4. 淀粉指示剂应在临近终点时加入，不能过早加入，否则将有较多的I_2与淀粉指示剂结合，而这部分I_2在终点时解离较慢，会造成终点拖后。

【思考题】

1. 本实验中加入KI的作用是什么？
2. 间接碘量法测定铜含量时，为什么常加入NH_4HF_2？为什么临近终点时加入KSCN？
3. 用$K_2Cr_2O_7$标定$Na_2S_2O_3$溶液时，应如何控制溶液酸度？
4. 间接碘量法测定铜含量时，为什么要在弱酸介质中进行？

实验24 漂白粉中有效氯的测定

一、实验目的

了解用碘量法测定漂白粉中有效氯的原理与方法。

二、实验用品

1. 仪器

分析天平、碱式滴定管（25.00 mL）1支、移液管（5.00 mL）1个、吸耳球、锥形瓶（250 mL）3个、烧杯（100 mL）1个、滴管、洗瓶、量筒（100 mL）1个、称量瓶、玻璃棒、容量瓶（100 mL）1个、容量瓶（1000 mL）1个、容量瓶（250 mL）1个、研钵一个。

2. 试剂

2 $mol \cdot L^{-1}$ KI溶液、0.1 $mol \cdot L^{-1}$ $Na_2S_2O_3$标准溶液（称取25 g $Na_2S_2O_3 \cdot 5H_2O$于烧杯中，加入300～500 mL新煮沸并冷却的蒸馏水溶解，加入约0.1 g Na_2CO_3，用新煮沸并冷却的蒸馏水稀释至1 L，储存于棕色试剂瓶中，在暗处放置3～5天后标定）、5 $g \cdot L^{-1}$淀粉溶液（称取0.5 g可溶性淀粉，加入少量的水，搅匀，再加入100 mL沸水，搅匀。若需放置，可加入少量HgI_2或H_2BO_3作为防腐剂）、Na_2CO_3固体、6 $mol \cdot L^{-1}$ H_2SO_4溶液、漂白粉试样、基准物质。

三、实验原理

漂白粉的主要成分是氯化钙和次氯酸钙，通常次氯酸钙用化学式Ca(OCl)Cl表示，其中的次氯酸钙与酸作用后产生具有漂白作用的氯气。释放出来的氯称为有效氯，漂白粉的质量常用有效氯来表示，普通漂白粉含有效氯的量为30%～35%。漂白粉能与空气中的CO_2作用产生HClO而造成有效氯的损失，因此应尽量避免其与空气较长时间的接触。

漂白粉的有效氯可用间接碘量法测定，这是因为漂白粉在酸性条件下与过量的I^-作用可定量产生I_2，而析出的I_2可用Na_2SO_3标准溶液进行滴定。反应如下：

$$Ca(OCl)Cl+2H^+ = Ca^{2+}+H_2O+Cl_2$$

$$Cl_2+2I^- = 2Cl^-+I_2$$

或

$$OCl^-+2I^-+2H^+ = 2H_2O+Cl^-+I_2$$

$$I_2+2S_2O_3^{2-} = 2I^-+S_4O_6^{2-}$$

由以上反应式可知，有效氯的量与反应析出的I_2的量相同。

四、实验内容

1.$Na_2S_2O_3$溶液的标定

准确移取25.00 mL $K_2Cr_2O_7$标准溶液于锥形瓶中，加入5 mL 6 mol·L^{-1} HCl溶液、5 mL 2 mol·L^{-1}KI溶液，摇匀，在暗处放置5 min（使其反应完全）后，加入50 mL蒸馏水，用待标定的$Na_2S_2O_3$溶液滴定至淡黄色，然后加入2 mL 5g·L^{-1}淀粉指示剂，继续滴定至溶液呈现亮绿色，即为终点。平行标定3份，计算$Na_2S_2O_3$溶液的浓度。数据记录在表4-48中。

2. 漂白粉中有效氯的测定

准确称取约0.6 g漂白粉试样（不要用称量纸称）置于研钵中，加少许蒸馏水后将其研成糊状，然后定量转入100 mL容量瓶中，加水至刻度，摇匀。迅速移取2.00 mL摇匀的漂白粉悬浊液于20 mL锥形瓶中，加入6～8滴6 mol·L^{-1} H_2SO_4溶液和1 mL KI溶液，盖上表面皿（或盖上碘量瓶塞），摇匀。在暗处放置3～5 min后，加入2 mL水，立即用$Na_2S_2O_3$标准溶液滴定至溶液呈浅黄色，加入4～6滴淀粉溶液，继续用$Na_2S_2O_3$溶液滴定至蓝色刚好消失，记下消耗的$Na_2S_2O_3$溶液的体积。平行滴定3份，计算漂白粉中有效氯的质量分数。数据记录在表4-49中。

若采用常量滴定法测定，则需把所取各溶液的体积扩大10倍左右。

五、实验数据记录

表4-48　$Na_2S_2O_3$溶液的标定

	1	2	3
$m_{基准物质}$ / g			
$V_{Na_2S_2O_3}$ / mL			
$c_{Na_2S_2O_3}$/(mol·L^{-1})			
$\bar{c}_{Na_2S_2O_3}$/(mol·L^{-1})			
$\bar{d}_r$ / %			

表4-49　漂白粉中有效氯的测定

	1	2	3
$m_{漂白粉}$/g			
$V_{Na_2S_2O_3}$ / mL			
$\omega_{有效氯}$ / %			
$\overline{\omega}_{有效氯}$ / %			
$\overline{d}_r$ / %			

【思考题】

1. 漂白粉悬浊液为什么要在摇匀后迅速移取?
2. 造成本实验误差的主要因素有哪些?应如何减少误差?

实验25　高锰酸钾法测定钙盐中钙的含量

一、实验目的

1. 了解用高锰酸钾法测定钙含量的原理和方法;
2. 学习沉淀、过滤及洗涤等沉淀分离的基本知识和操作方法。

二、实验原理

本实验采用高锰酸钾法测定钙的含量，即将Ca^{2+}定量沉淀为CaC_2O_4，将沉淀滤出并洗涤干净后，用稀硫酸溶液溶解，再用$KMnO_4$标准溶液滴定$C_2O_4^{2-}$的含量，间接得到Ca^{2+}的含量，主要反应如下:

$$Ca^{2+} + C_2O_4^{2-} = CaC_2O_4 \downarrow$$

$$CaC_2O_4 + 2H^+ = Ca^{2+} + H_2C_2O_4$$

$$5H_2C_2O_4 + 2MnO_4^- + 6H^+ = 2Mn^{2+} + 10CO_2 \uparrow + 8H_2O$$

为了使CaC_2O_4沉淀完全，应控制$pH \approx 4$，沉淀剂一般为$(NH_4)_2C_2O_4$。要得到颗粒较大、纯度高的沉淀，应控制沉淀条件，使其生成晶形沉淀：稀溶液、加热、沉淀速度要慢、沉淀完成后需陈化并不断搅拌。

三、实验用品

1. 仪器

分析天平、酸式滴定管（25.00 mL）1支、移液管（20.00 mL）1个、吸耳球、锥形瓶（250 mL）3个、烧杯（250 mL）2个、滴管、洗瓶、量筒（100 mL）1个、称量瓶、玻璃棒、表面皿、漏斗2个。

2. 试剂

0.02 mol·L^{-1} $KMnO_4$溶液、$Na_2C_2O_4$（105～110℃烘干2 h，稍冷后置于干燥器中）、3 mol·L^{-1} H_2SO_4溶液、钙盐、蒸馏水、氨水、6 mol·L^{-1} HCl溶液、甲基橙（2 g·L^{-1} 水溶液）、5%$(NH_4)_2C_2O_4$溶液、1 mol·L^{-1} H_2SO_4溶液。

四、实验内容

1. $KMnO_4$标准溶液的标定

同实验18，数据记录在表4-50中。

2. 钙盐中钙含量的测定

钙盐样品研磨混匀，准确称取钙盐样品（含钙量约40 mg）两份，置于250 mL烧杯中，加少量水润湿，盖上表面皿，缓慢滴加6 mol·L^{-1} 的HCl溶液1 mL，同时不断摇动烧杯，待不再产生气泡后，加10 mL水，小心加热煮沸至透明，用少量蒸馏水冲洗烧杯内壁和表面皿。加入2滴甲基橙，溶液为红色，滴加氨水至黄色（pH>4.4），75～85℃趁热滴加50 mL 5%$(NH_4)_2C_2O_4$溶液，放置陈化30 min并不断搅拌。

冷却后将混合液转移至滤纸上过滤，并用少量$(NH_4)_2C_2O_4$洗涤烧杯内壁及沉淀5～6次，使沉淀全部转移至漏斗中，用蒸馏水冲洗滤纸和沉淀至过滤液中无Cl^-和$C_2O_4^{2-}$（用硝酸银溶液检验至无浑浊）。

将带有沉淀的滤纸贴在原烧杯内壁（沉淀向杯内），用50 mL 1 mol·L^{-1} H_2SO_4溶液仔细将滤纸上的沉淀洗入烧杯中，再用20 mL蒸馏水洗两次，加热至75～85℃，用$KMnO_4$标准溶液滴定至溶液呈粉红色，然后将滤纸浸入溶液中，用玻璃棒搅拌，若溶液褪色，再滴加$KMnO_4$溶液，直至溶液呈粉红色且30 s内不褪色，即为终点。数据记录在表4-51中。

五、实验数据记录

表4-50　$KMnO_4$溶液的标定

	1	2	3
$m_{Na_2C_2O_4}$ / g			
$V_{KMnO_4始}$ / mL			
$V_{KMnO_4末}$ / mL			
V_{KMnO_4} / mL			
c_{KMnO_4}/(mol·L^{-1})			
$\bar{c}_{KMnO_4}$/(mol·L^{-1})			
$\bar{d}_r$ / %			

表4-51　钙含量的测定

	1	2	3
$m_{钙盐}$ / g			
$V_{KMnO_4始}$ / mL			
$V_{KMnO_4末}$ / mL			
V_{KMnO_4} / mL			
ω_{Ca} / %			
$\overline{\omega}_{Ca}$ / %			
$\overline{d}_r$ / %			

【注意事项】

1.称取钙盐样品后，先用少量水润湿，以免加HCl溶液时产生的CO_2将试样粉末冲出。

2.保温是为了使沉淀陈化的速度加快。若沉淀完毕后要放置过夜，则不必保温。

3.在酸性溶液中，滤纸会被$KMnO_4$溶液氧化，接触时间越长，消耗$KMnO_4$越多，因此只能在滴定至终点前将滤纸浸入溶液中。

【思考题】

1. 沉淀CaC_2O_4时，为什么要在酸性溶液中加入沉淀剂$(NH_4)_2C_2O_4$？滴定在75～85 ℃进行，低于60 ℃或高于90 ℃会怎样？

2. 为什么先要用稀$(NH_4)_2C_2O_4$溶液洗涤CaC_2O_4沉淀，然后再用纯水洗？怎样判断$C_2O_4^{2-}$已洗净？

3.CaC_2O_4沉淀生成后，为什么要陈化并不断搅拌？

4.4　沉淀滴定实验

实验26　可溶性氯化物中氯含量的测定(莫尔法)

一、实验目的

1.学习$AgNO_3$标准溶液的配制和标定；

2.掌握莫尔法测定氯含量的原理和方法。

二、实验用品

1. 仪器

分析天平、酸式滴定管（25.00 mL）1支、移液管（20.00 mL）1个、吸耳球、锥形瓶（250 mL）3个、烧杯（100 mL）1个、滴管、洗瓶、量筒（100 mL）1个、称量瓶、玻璃棒、容量瓶（250 mL）1个。

2. 试剂

NaCl基准试剂（500～600 ℃灼烧30 min，置于干燥器中冷却待用）、0.1 mol·L^{-1} $AgNO_3$溶液、50 g·L^{-1} K_2CrO_4溶液、粗食盐。

三、实验原理

以K_2CrO_4为指示剂，用$AgNO_3$标准溶液进行滴定，测定可溶性氯化物中氯含量的方法称为莫尔法。此方法是在中性或弱碱性溶液中进行的，测定中Ag^+先与Cl^-反应生成AgCl白色沉淀，待Cl^-反应完全后，过量的$AgNO_3$即与指示剂CrO_4^{2-}生成Ag_2CrO_4砖红色沉淀，从而指示终点，主要反应如下：

$$Ag^+ + Cl^- = AgCl\downarrow \text{（白色）} \qquad K_{sp}=1.8\times10^{-10}$$

$$2Ag^+ + CrO_4^{2-} = Ag_2CrO_4\downarrow \text{（砖红色）} \qquad K_{sp}=2.0\times10^{-12}$$

滴定最适宜的pH范围是6.5～10.5，若有NH_4^+存在，则pH需控制在6.5～7.2。指示剂的用量对滴定有影响，一般以5×10^{-3} mol·L^{-1}为宜。

四、实验内容

1. 0.1 mol·L^{-1} $AgNO_3$溶液的配制及标定

准确称取0.11～0.12 g NaCl基准物质于250 mL锥形瓶中，加40 mL水溶解，再加1 mL 50 g·L^{-1} K_2CrO_4指示剂，用$AgNO_3$溶液滴定至溶液呈砖红色，即为终点。平行测定3份。数据记录在表4-52中。

2. 粗盐中氯含量的测定

准确称取1.6 g粗盐于小烧杯中，加水溶解后转移至250 mL容量瓶中，洗涤烧杯和玻璃棒，定容至刻度线。准确移取20.00 mL上述试液于250 mL锥形瓶中，加20 mL水稀释，再加1 mL 50 g·L^{-1} K_2CrO_4指示剂，用$AgNO_3$标准溶液滴定至溶液呈砖红色，即为终点。平行测定3份，计算试样中氯的含量。数据记录在表4-53中。

氯化物中氯含量的测定

五、实验数据记录

表4-52　$AgNO_3$溶液的标定

	1	2	3
m_{NaCl} / g			
$V_{AgNO_3始}$ / mL			
$V_{AgNO_3末}$ / mL			
V_{AgNO_3} / mL			
c_{AgNO_3}/($mol·L^{-1}$)			
$\bar{c}_{AgNO_3}$/($mol·L^{-1}$)			
$\bar{d}_r$ / %			

表4-53　粗盐中氯含量的测定

	1	2	3
$m_{粗盐}$ / g			
$V_{AgNO_3始}$ / mL			
$V_{AgNO_3末}$ / mL			
V_{AgNO_3} / mL			
ω_{Cl} / %			
$\bar{\omega}_{Cl}$ / %			
$\bar{d}_r$ / %			

【注意事项】

实验结束后，盛装$AgNO_3$的滴定管应先用蒸馏水冲洗2～3次，再用自来水冲洗，以免产生AgCl沉淀难以洗净。含银废液不得随意倒入水槽，应予以回收。

【思考题】

1. K_2CrO_4指示剂的浓度太大或太小，对Cl^-测定有何影响？
2. 莫尔法测Cl^-含量时，溶液的pH为什么应控制在6.5～10.5？

实验27　酱油中氯化钠含量的测定（佛尔哈德法）[3]

一、实验目的

1. 了解有色样品溶液的处理方法；
2. 掌握佛尔哈德法测定氯含量的原理和方法。

二、实验用品

1. 仪器

带盖瓷坩埚、分析天平、酸式滴定管（25.00 mL）1支、移液管（20.00 mL）1个、吸耳球、锥形瓶（250 mL）3个、烧杯（100 mL）1个、滴管、洗瓶、量筒（100 mL）1个、称量瓶、玻璃棒、容量瓶（100 mL）1个、试剂瓶。

2. 试剂

NaCl基准试剂（500～600 ℃灼烧30 min，置于干燥器中冷却待用）、0.1 mol·L^{-1} $AgNO_3$溶液、50 g·L^{-1} K_2CrO_4溶液、0.1 mol·L^{-1} NH_4SCN、10% $FeNH_4(SO_4)_2$溶液（每100 mL内含25 mL 6 mol·L^{-1} HNO_3）、硝基苯（或石油醚）、1∶1 HNO_3。

三、实验原理

佛尔哈德法测定样品中NaCl的含量采用返滴定法，即加入过量的$AgNO_3$标准溶液使反应完全，剩余的$AgNO_3$标准溶液用NH_4SCN溶液进行返滴定，用$FeNH_4(SO_4)_2$做指示剂，过量的NH_4SCN与Fe^{3+}反应使溶液呈现稳定的淡红色，即为终点。

$$Ag^+ + Cl^- = AgCl\downarrow \text{（白色）}$$

$$Ag^+ + SCN^- = AgSCN\downarrow \text{（白色）}$$

$$Fe^{3+} + 3SCN^- = Fe(SCN)_3 \text{（血红色）}$$

在中性或弱碱性环境中Fe^{3+}容易水解，Ag^+也容易形成Ag_2O沉淀，但是酸度过高时SCN^-会发生酸效应，因此佛尔哈德法一般在0.1～1 mol·L^{-1}的HNO_3介质中进行。HCl会引入Cl^-，H_2SO_4会引入SO_4^{2-}（SO_4^{2-}与Ag^+反应生成Ag_2SO_4），均应避免使用。

$AgNO_3$标准溶液采用莫尔法进行标定，称取一定质量的基准物质NaCl配成溶液，以K_2CrO_4为指示剂，用$AgNO_3$标准溶液进行滴定。滴定最适宜的pH范围是6.5～10.5，若有NH_4^+存在，则pH需控制在6.5～7.2。指示剂的用量对滴定有影响，一般以5×10^{-3} mol·L^{-1}为宜。测定中Ag^+先与Cl^-反应生成AgCl白色沉淀，待Cl^-反应完全后，过量的$AgNO_3$即与指示剂中的CrO_4^{2-}生成Ag_2CrO_4砖红色沉淀，从而指示终点。主要反应如下：

$$Ag^+ + Cl^- = AgCl\downarrow \text{（白色）}$$

$$2Ag^+ + CrO_4^{2-} = Ag_2CrO_4\downarrow$$ （砖红色）

四、实验内容

1. 0.1 $mol\cdot L^{-1}$ $AgNO_3$溶液的配制及标定

准确称取0.11～0.12 g NaCl基准物质于250 mL锥形瓶中，加40 mL水溶解，再加1 mL 50 $g\cdot L^{-1}$ K_2CrO_4指示剂，用$AgNO_3$溶液滴定至溶液呈砖红色，即为终点。平行测定3份。数据记录在表4-54中。

2. NH_4SCN溶液的标定

移液管移取20.00 mL $AgNO_3$溶液标准溶液于250 mL锥形瓶中，加5 mL 1∶1 HNO_3溶液，加1 mL $FeNH_4(SO_4)_2$指示剂，用NH_4SCN溶液进行滴定。滴定时剧烈摇动溶液，溶液呈现稳定的淡红色时即为终点。平行滴定3份。数据记录在表4-55中。

3. 酱油中NaCl的测定

吸量管移取酱油5.00 mL于100 mL容量瓶中，定容至刻度线，摇匀。准确移取10.00 mL上述试液于250 mL锥形瓶中，加50 mL水稀释，加5 mL 1∶1 HNO_3溶液、20.00 mL $AgNO_3$标准溶液。沉淀完成后加5.00 mL硝基苯，盖上橡胶塞，剧烈摇动。加5 mL $FeNH_4(SO_4)_2$指示剂，用NH_4SCN溶液进行滴定，溶液呈现稳定的淡红色时即为终点。平行测定3份，计算试样中NaCl的含量。数据记录在表4-56中。

五、实验数据记录

表4-54 $AgNO_3$溶液的标定

	1	2	3
m_{NaCl} / g			
$V_{AgNO_3始}$ / mL			
$V_{AgNO_3末}$ / mL			
V_{AgNO_3} / mL			
c_{AgNO_3}/($mol\cdot L^{-1}$)			
$\bar{c}_{AgNO_3}$/($mol\cdot L^{-1}$)			
$\bar{d}_r$ / %			

表4-55 NH_4SCN溶液的标定

	1	2	3
V_{AgNO_3} / mL			
$V_{NH_4SCN始}$ / mL			

续表4-55

	1	2	3
$V_{NH_4SCN末}$ / mL			
V_{NH_4SCN} / mL			
c_{NH_4SCN}/(mol·L^{-1})			
$\bar{c}_{NH_4SCN}$/(mol·L^{-1})			
$\bar{d}_r$ / %			

表4-56　酱油中NaCl含量的测定

	1	2	3
V_{AgNO_3} / mL			
$V_{NH_4SCN始}$ / mL			
$V_{NH_4SCN末}$ / mL			
V_{NH_4SCN} / mL			
ω_{NaCl} / %			
$\bar{\omega}_{NaCl}$ / %			
$\bar{d}_r$ / %			

【注意事项】

1.若酱油颜色过深，应做脱色处理，以免影响终点颜色观察。

2.加入硝基苯的作用是使硝基苯覆盖在沉淀的表面，以免沉淀发生转化，因此需剧烈摇动使其覆盖均匀。

【思考题】

1.佛尔哈德法应控制在强酸性条件下进行，酸度调节能否用HCl或H_2SO_4?

2.佛尔哈德法与莫尔法有哪些异同点?

4.5 重量分析法

实验28 可溶性钡盐中钡含量的测定（硫酸钡沉淀重量法）

一、实验目的

1. 掌握重量法测定$BaCl_2 \cdot 2H_2O$中钡含量的原理和方法；

2. 掌握晶形沉淀的制备、过滤、洗涤、灼烧及恒重等基本操作技术。

二、实验原理

硫酸钡重量法既可用于Ba^{2+}含量的测定，也可用于SO_4^{2-}含量的测定。

称取一定质量的$BaCl_2 \cdot 2H_2O$，溶解后加稀HCl溶液酸化，在微沸、不断搅拌的条件下，慢慢加入热的稀H_2SO_4溶液，使Ba^{2+}与SO_4^{2-}反应生成$BaSO_4$沉淀，将$BaSO_4$沉淀陈化、过滤、洗涤、炭化、灰化、灼烧后，准确测得$BaSO_4$的质量，即可求得$BaCl_2 \cdot 2H_2O$中钡的含量。

硫酸钡重量法测定Ba^{2+}含量时，一般在0.05 $mol \cdot L^{-1}$左右的HCl介质中进行，这样既可防止形成$BaCO_3$、$Ba(OH)_2$、$BaHPO_4$、$BaHAsO_4$等沉淀，还可增加溶解度，降低相对过饱和度，有利于获得颗粒较大的晶形沉淀。一般用热的稀H_2SO_4溶液作为沉淀剂，沉淀剂可过量50%～100%，利用同离子效应使Ba^{2+}沉淀完全。沉淀剂可用作洗涤液，以减少沉淀的损失，并且H_2SO_4在高温下可挥发除去，不会引起误差。

三、实验用品

1.仪器

瓷坩埚（25 mL）2个、慢速定量滤纸2～3个、玻璃漏斗2个、烧杯（250 mL）2个、烧杯（100 mL）2个、玻璃棒、表面皿、沉淀帚、马弗炉、电热板。

2.试剂

$BaCl_2 \cdot 2H_2O$、1 $mol \cdot L^{-1}$和0.01 $mol \cdot L^{-1}$ H_2SO_4溶液、2 $mol \cdot L^{-1}$ HCl溶液、2 $mol \cdot L^{-1}$ HNO_3溶液、0.1 $mol \cdot L^{-1}$ $AgNO_3$溶液。

四、实验内容

硫酸钡重量法测定
可溶性钡盐中钡含量

1.称样及沉淀的制备

准确称取0.4～0.6 g $BaCl_2 \cdot 2H_2O$试样2份，分别置于250 mL烧杯中，加入100 mL水，再加入3 mL 2 $mol \cdot L^{-1}$ HCl溶液，加热溶解至近沸。

另取4 mL 1 mol·L^{-1} H_2SO_4溶液2份，分别置于两个100 mL烧杯中，加水30 mL，加热至近沸，趁热将2份H_2SO_4溶液分别滴加到2份热的钡盐溶液中，并不断用玻璃棒搅拌，直至2份H_2SO_4溶液加完为止。待$BaSO_4$沉淀完全后，加入1～2滴0.1 mol·L^{-1} H_2SO_4溶液，上层清液保持澄清即表示沉淀完全，否则应静置使沉淀完全。沉淀完全后，盖上表面皿（玻璃棒勿拿出），保温40 min或放置过夜陈化。

2. 沉淀的过滤和洗涤

溶液冷却后用慢速或中速滤纸过滤。先将上层清液倾注在滤纸上，再以稀H_2SO_4溶液为洗涤液（约0.01 mol·L^{-1}）洗涤沉淀3～4次，每次使用约10 mL，并将洗涤液倾至漏斗中。然后将沉淀小心转移至滤纸上，用沉淀帚由上到下擦拭烧杯内壁，并用一小片滤纸擦拭烧杯内壁，然后将此小片滤纸放于漏斗中的滤纸上，再用稀H_2SO_4洗涤4～6次，直至洗涤液中不含Cl^-为止（用$AgNO_3$溶液检验）。

3. 空坩埚的灼烧及恒重

取2个瓷坩埚洗净晾干，放在800 ℃±20 ℃马弗炉中灼烧。第一次灼烧40 min，取出稍冷片刻后转入干燥器中冷却至室温称重。然后放入相同温度的马弗炉中，继续灼烧20 min，取出稍冷片刻后转入干燥器中冷却至室温称重。两次称量的质量差在0.2 mg以下即认为已恒重。

4. 沉淀的灼烧及恒重

将折叠好的装有沉淀的滤纸包置于已恒重的瓷坩埚中，在电热板上加热至烘干、炭化、灰化后（滤纸呈白灰），在800 ℃±20 ℃马弗炉中灼烧至恒重。数据记录在表4-57中。

五、实验数据记录

表4-57　钡含量的测定

	1	2	3
$m_{BaCl_2\cdot 2H_2O}$ / g			
$m_{空坩埚1}$ / g			
$m_{空坩埚2}$ / g			
$m_{空坩埚+样品1}$ / g			
$m_{空坩埚+样品2}$ / g			
$m_{空坩埚+样品1}-m_{空坩埚1}$ / g			
$m_{空坩埚+样品2}-m_{空坩埚2}$ / g			
ω_{Ba} / g			
$\bar{\omega}_{Ba}$ / g			
$\bar{d}_r$ / %			

【注意事项】

1. 恒重操作中应保证每次冷却时间和称量时间相同，即保证操作的一致性。取放坩埚应使用坩埚钳，谨防烫伤和污染坩埚。

2. 灼烧温度不能超过900 ℃，否则会反应生成BaS和CO，且CO会与O_2进一步反应生成CO_2。

【思考题】

1. 为什么沉淀$BaSO_4$要在热溶液中进行，但要在冷却后过滤？沉淀后为何要陈化？

2. 若沉淀未经烘干、炭化、灰化而直接在800 ℃±20 ℃马弗炉中灼烧，那么对实验结果什么有影响？

3. 重量分析法中“灼烧至恒重”是什么意思，为何要灼烧至恒重？

4. 什么叫倾泻法过滤？洗涤沉淀时，为什么用稀硫酸做洗涤液？洗涤液为什么要少量多次使用？

实验29　硝酸镍中镍含量的测定（Ni-丁二酮肟沉淀重量法）

一、实验目的

1. 了解有机试剂丁二酮肟在重量分析中的应用；

2. 掌握沉淀的过滤、洗涤、转移操作和砂芯漏斗的使用方法。

二、实验用品

1. 仪器

分析天平、砂芯漏斗（G4，100 mL）、烧杯（500 mL）1个、抽滤瓶、滴管、洗瓶、量筒（50 mL）1个、称量瓶、玻璃棒、干燥器、烘箱、循环水泵、电热恒温水浴箱、温度计（100 ℃）1支。

2. 试剂

10 $g\cdot L^{-1}$丁二酮肟（乙醇溶液）、500 $g\cdot L^{-1}$酒石酸溶液、1∶1氨水、1∶1 HCl、0.05% $AgNO_3$溶液、硝酸镍试样、广泛pH试纸。

三、实验原理

丁二酮肟（分子式为$C_4H_8O_2N_2$，以H_2D表示）是二元酸，在氨性溶液中，Ni^{2+}与丁二酮肟生成鲜红色沉淀：

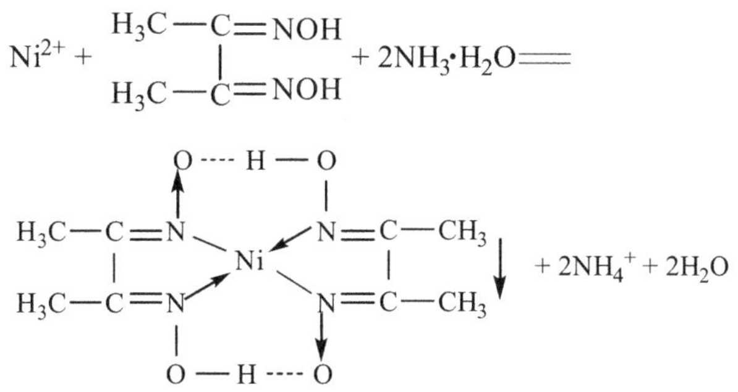

此沉淀溶解度很小（K_{sp}=2.3×10^{-25}），组成恒定，经过滤、洗涤，在120 ℃烘干至恒重后即可称量，根据丁二酮肟镍沉淀的质量可计算出样品中镍的质量分数。

丁二酮肟与Ni^{2+}生成沉淀时，应将溶液pH调节为8～9，若酸度过低，则除D^{2-}较多外，Ni^{2+}与氨会形成镍氨配离子，使沉淀溶解度增大；若酸度过高，则会受丁二酮肟的酸效应的影响而使沉淀溶解度增大。

丁二酮肟只与Ni^{2+}、Fe^{2+}生成沉淀，此外，丁二酮肟还能与Cu^{2+}、Co^{2+}、Fe^{3+}生成水溶液配合物，Fe^{3+}、Al^{3+}、Cr^{3+}、Zn^{2+}、Ca^{2+}、Mg^{2+}等在氨性溶液中会生成氢氧化物沉淀，因此将pH调至碱性前，需加入柠檬酸或酒石酸，使这些金属离子与之生成稳定络合物以消除干扰。

四、实验内容

准确称取试样0.15 g于400 mL烧杯中，加40 mL蒸馏水使其溶解，再加入5 mL 500 g·L^{-1}酒石酸溶液，在不断搅拌下滴加1∶1氨水至溶液呈弱碱性（溶液变为蓝绿色），然后用1∶1 HCl酸化至溶液变为深棕绿色，用热水稀释至300 mL，加热至70～80 ℃。在不断搅拌下加入50 mL 10 g·L^{-1}丁二酮肟溶液，滴加1∶1氨水调节至溶液pH为8～9，Ni^{2+}与丁二酮肟生成鲜红色沉淀。70～80 ℃水浴保温30～40 min，稍冷后，趁热用已恒重的砂芯漏斗进行减压过滤，在滤液中加沉淀剂检查沉淀是否完全。若有沉淀生成，再加5 mL丁二酮肟乙醇溶液，继续过滤沉淀。用微氨性的20 g·L^{-1}酒石酸溶液洗涤烧杯和沉淀8～10次，再用温水洗涤沉淀至无Cl^-为止。将砂芯漏斗连同沉淀在110～120 ℃烘箱中烘干1 h，冷却，称重，再烘至恒重，根据沉淀及试样的质量计算镍的含量。

$$\omega_{Ni} = \frac{W \times M_{Ni} / M_{NiC_8H_{14}N_4O_4}}{G} \times 100\%$$

式中：M_{Ni}为镍的摩尔质量（58.69 g·mol^{-1}）；$M_{NiC_8H_{14}N_4O_4}$为丁二酮肟镍的摩尔质量（288.94 g·mol^{-1}）；W为沉淀的质量；G为样品的质量。数据记录在表4-58中。

五、实验数据记录

表 4-58　镍含量的测定

	1	2	3
$m_{试样}$ / g			
m_1(砂芯漏斗) / g			
m_2(砂芯漏斗+沉淀) / g			
$m_2 - m_1$ / g			
ω_{Ni} / %			
$\overline{\omega}_{Ni}$ / %			
$\overline{d}_r$ / %			

【注意事项】

1. 每毫克Ni^{2+}约需1 mL沉淀剂。丁二酮肟在水中的溶解度很小，沉淀剂加入量不能过量太多，以免沉淀剂从溶液中析出，所加沉淀剂总量不能超过试液体积的1/3。

2. 在酸性溶液中加入沉淀剂，再滴加氨水使溶液pH逐渐升高，沉淀慢慢析出，可得到较大颗粒的沉淀，减少沉淀的溶解损失。

3. 在热溶液中进行沉淀反应，可减少Cu^{2+}、Fe^{3+}共沉淀的影响，但如果温度过高，乙醇会挥发过多，导致丁二酮肟析出，且高温下酒石酸或柠檬酸能将部分Fe^{3+}还原为Fe^{2+}，会干扰测定。因此，在沉淀生成及保温过程中，应将温度控制在70～80 ℃之间。

4. 检查Cl^-时，先将滤液用HNO_3酸化，再用$AgNO_3$检验。

【思考题】

1. 丁二酮肟重量法测定镍时，应注意哪些沉淀条件，为什么？

2. 加入酒石酸的作用是什么？为什么要加入过量沉淀剂并稀释？

实验30　氯化钡中结晶水的测定(挥发法)[4]

一、实验目的

1. 掌握挥发法测定结晶水的操作方法；

2. 掌握结晶水测定的结果计算。

二、实验原理

结晶水是物质内部的水，但结晶水不稳定，在加热条件下容易失去。加热的温度由不同物质结晶水的稳定性决定，$BaCl_2 \cdot xH_2O$ 的结晶水加热至 120～125 ℃即可失去。因此，称取一定质量的 $BaCl_2 \cdot xH_2O$，在 120～125 ℃加热至质量不再发生变化，试样减轻的质量即为结晶水的质量。

三、实验用品

1. 仪器

称量瓶2个、分析天平、烘箱、干燥器。

2. 试剂

$BaCl_2 \cdot 2H_2O$。

四、实验内容

1. 称量瓶的称量

取两个称量瓶，洗净后放于洁净的表面皿上，置于125 ℃烘箱中干燥，盖子取下横放于称量瓶上，并在表面皿上做好标记。第一次烘干约2 h后，转入干燥器中冷却至室温，在分析天平上称重。然后放入相同温度的烘箱中，继续烘干30 min，再转入干燥器中冷却至室温，称重。如此循环操作，直至两次称量的质量差在0.2 mg之内，即认为已恒重，此时的质量即为称量瓶的质量 $m'_{瓶}$。

2. $BaCl_2 \cdot xH_2O$ 的挥发

称量 1.4 g左右的 $BaCl_2 \cdot xH_2O$ 固体于两个称量瓶中，将称量瓶放在做好标记的相应表面皿上，仍将盖子横放于称量瓶上，在烘箱中第一次烘干约2 h后，转入干燥器中冷却至室温，在分析天平上称重。然后放入相同温度的烘箱中，继续烘干30 min，再转入干燥器中冷却至室温，称重。如此循环操作，直至两次称量的质量差在0.2 mg之内，即认为已恒重，此时的质量即为失去结晶水后样品与称量瓶的质量 $m'_{瓶+样品}$。结晶水的质量为 $m'_{瓶}+m_{样品}-m'_{瓶+样品}$，由此可计算出结晶水的个数。数据记录在4-59中。

五、实验数据记录

表4-59 结晶水含量的测定

	2 h	2.5 h	3 h	3.5 h
$m_{瓶1}$ / g				
$m_{瓶2}$ / g				

续表4-59

	2 h	2.5 h	3 h	3.5 h
$m'_{瓶1}$ / g				
$m'_{瓶2}$ / g				
$m_{样品1}$ / g				
$m_{样品2}$ / g				
$m_{瓶1+样品1}$ / g				
$m_{瓶2+样品2}$ / g				
$m'_{瓶1+样品1}$ / g				
$m'_{瓶2+样品2}$ / g				
ω_{H_2O} / %				
$\overline{\omega}_{H_2O}$ / %				
$\overline{d}_r$ / %				

【注意事项】

1.恒重操作中应保证每次冷却时间和称量时间相同，即保证操作的一致性。取放称量瓶时应用纸条，谨防烫伤和污染称量瓶。

2.灼烧温度不能超过125 ℃，否则$BaCl_2$会挥发损失。

【思考题】

1.测定前$BaCl_2 \cdot xH_2O$样品应怎样处理和保存，对实验结果会有什么影响？

2.为什么本实验可在烘箱中使用称量瓶干燥，而硫酸钡沉淀重量分析法必须使用马弗炉在坩埚中进行干燥？

4.6　分光光度法

实验31　邻二氮菲分光光度法测定铁的含量

一、实验目的

1.学习分光光度法实验条件的筛选方法；

2.掌握分光光度法测定微量铁的含量的原理、方法；

3.掌握UV2100型分光光度计的使用。

二、实验原理

邻二氮菲分光光度法灵敏度高，稳定性好，是目前普遍采用的一种方法。在pH为3～9的条件下，Fe^{2+}与邻二氮菲（Phen）络合生成极稳定的橘红色络合物［$Fe(Phen)_3$］$^{2+}$，该络合物的$\lg K_{稳}$=21.3，最大吸收波长在510 nm附近，摩尔吸光系数ε=1.1×10^4 L·mol^{-1}·cm^{-1}，反应如下：

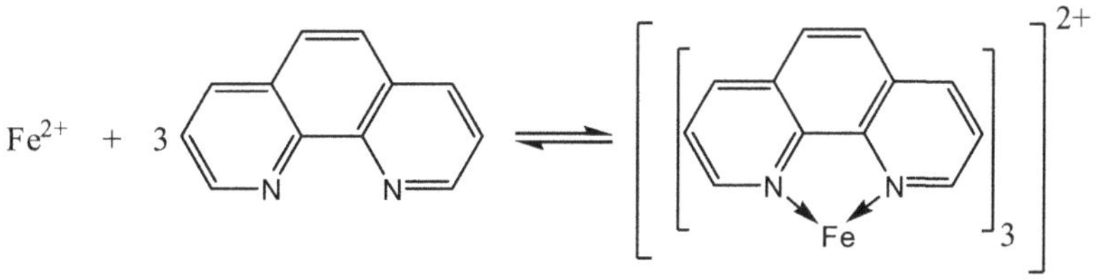

显色反应之前需将Fe^{3+}离子还原成Fe^{2+}离子，还原剂常用盐酸羟胺或维生素C。

三、实验用品

1.仪器

UV-2100型分光光度计、容量瓶（50 mL）8个、吸量管或移液管（1 mL、2 mL、5 mL、10 mL）、比色皿、滴管。

2.试剂

0.1 mg·mL^{-1}铁标准溶液［准确称取分析纯$NH_4Fe(SO_4)_2\cdot 12H_2O$药品0.8634 g于200 mL烧杯中，加入20 mL 6 mol·L^{-1} HCl溶液和适量水溶解后，转移至1 L容量瓶中，定容至刻度线，摇匀备用］、100 g·L^{-1}盐酸羟胺溶液、1.5 g·L^{-1}邻二氮菲溶液（1.5 g邻二氮菲加少量蒸馏水、几滴浓盐酸溶解后，定容至1 L）、1 mol·L^{-1} NaAc溶液、1 mol·L^{-1} NaOH溶液、6 mol·L^{-1} HCl溶液、含铁样品试液（浓度约为0.001 mol·L^{-1}）。

四、实验内容

1.测定条件的确定

（1）吸收曲线的制作和测量波长的选择：

用移液管分别移取0.0 mL和1.0 mL 0.1 mg·mL^{-1}铁标准溶液至两个50 mL容量瓶中，编号1-1、1-2，各加入1 mL 100 g·L^{-1}盐酸羟胺溶液，摇匀，放置2 min，再加入2 mL 1.5 g·L^{-1}邻二氮菲溶液、5 mL NaAc，定容，摇匀。放置10 min后，取两只1 cm比色皿，分别以样品1-1、1-2润洗3次，然后以1-1为参比（即以0.0 mL铁标准溶液为空白试剂）测1-2的吸光度A：在420～560 nm之间，每隔10 nm一次，在最大吸收峰500～520 nm附近，每隔2 nm测一次；每换一次波长，均需要以1-1为参比溶液调至T模式调0%和100%，然后调至A模式对1-2进行测定。以波长（λ）为横坐标，以吸光度（A）为纵坐标，绘制A-λ的关系曲线，即为吸收曲线。从吸收曲线上找出最大吸收波长λ_{max}，即为测定Fe的适宜波长。数据记录在表4-60中。

（2）显色剂用量的确定：

用移液管各移取1.0 mL 0.1 mg·mL^{-1}铁标准溶液至7个50 mL容量瓶中，编号2-1至2-7，各加入1 mL 100 g·L^{-1}盐酸羟胺溶液，摇匀，放置2 min，分别加入0.3 mL、0.5 mL、0.8 mL、1.0 mL、1.5 mL、2.0 mL、4.0 mL 1.5 g·L^{-1}邻二氮菲溶液，再加入5 mL 1 mol·L^{-1} NaAc溶液，定容，摇匀。放置10 min后，取1 cm比色皿，以蒸馏水为参比，在选定的波长下测定吸光度。以邻二氮菲溶液的体积（V）为横坐标，以吸光度（A）为纵坐标，绘制A-V的关系曲线，确定显色剂的用量V_0。数据记录在表4-61中。

（3）溶液酸度的确定：

用移液管各移取1.0 mL 0.1 mg·mL^{-1}铁标准溶液至7个50 mL容量瓶中，编号3-1至3-7，各加入1 mL 100 g·L^{-1}盐酸羟胺溶液，摇匀，放置2 min，各加入2.0 mL 1.5 g·L^{-1}邻二氮菲溶液，再分别加入0.0 mL、1.0 mL、3.0 mL、5.0 mL、7.0 mL、9.0 mL 1 mol·L^{-1} NaAc溶液，定容，摇匀。放置10 min后，取1 cm比色皿，以蒸馏水为参比，在选定的波长下测定吸光度。以精密试纸或酸度计测得的各溶液的pH为横坐标，以吸光度（A）为纵坐标，绘制A-pH的关系曲线，确定溶液的最佳酸度pH_0。数据记录在表4-62中。

（4）显色时间的确定：

用移液管各移取1.0 mL 0.1 mg·mL^{-1}铁标准溶液至7个50 mL容量瓶中，编号4-1至4-7，各加入1 mL 100 g·L^{-1}盐酸羟胺溶液，摇匀，放置2 min，再加入2.0 mL 1.5 g·L^{-1}邻二氮菲溶液、5 mL 1mol·L^{-1} NaAc溶液，定容，摇匀。立即开始计时，以蒸馏水为参比，分别在放置0 min、5 min、10 min、15 min、20 min、30 min、60 min、120 min时，在选定的波长下测定吸光度。以测定时间（t）为横坐标，以吸光度（A）为纵坐标，绘制A-t的关系曲线，确定显色反应的时间t_0。数据记录在表4-63中。

2.铁含量的测定

（1）标准曲线的绘制：

分别移取0.1 $mg \cdot mL^{-1}$铁标准溶液0.0 mL、0.2 mL、0.4 mL、0.6 mL、0.8 mL、1.0 mL于6个50 mL容量瓶中（编号6-0至6-5），各加入1 mL 100 $g \cdot L^{-1}$盐酸羟胺溶液，摇匀，放置2 min，再加入体积为V_0的1.5 $g \cdot L^{-1}$邻二氮菲溶液，加入合适体积的1 $mol \cdot L^{-1}$ NaAc溶液使溶液保持最佳酸度pH_0，定容，摇匀，确定显色反应的时间t_0。以6-0空白试剂为参比，在所选定的测量波长λ_{max}下，测定各溶液的吸光度A。然后以计算得到的各溶液中铁的含量为横坐标，以吸光度A为纵坐标，绘制标准曲线。数据记录在表4-64中。

（2）铁含量的测定：

测定条件同（1），取浓度约为0.001 $mol \cdot L^{-1}$的铁样品1.0 mL，其他条件相同，测得相同条件下未知样品的吸光度A，计算得到未知样品中铁的含量。

五、实验数据记录

1.吸收曲线的绘制及最大吸收波长λ_{max}的确定

表4-60 不同波长下的吸光度

λ	A

2.显色剂用量的确定

表4-61 不同显色剂下的吸光度

	1	2	3	4	5	6	7
V							
A							

3.溶液酸度的确定

表4-62 不同酸度下的吸光度

	1	2	3	4	5	6	7
V_{NaAc} / mL							
pH							
A							

4.显色时间的确定

表4-63 不同显色时间下的吸光度

	1	2	3	4	5	6	7
t							
A							

5.标准曲线的绘制

表4-64 不同浓度铁样品的吸光度

	1	2	3	4	5
V_{Fe} / mL					
m_{Fe}/(mg·mL^{-1})					
A					

【注意事项】

1.做本实验时应注意爱护分光光度计和比色皿，严格按照操作规程使用。

2.配制试液及标准溶液时，应注意试剂的加入顺序。

【思考题】

1.本实验中各种试剂的量取应分别采用何种量器，为什么？

2.本实验的参比溶液怎样选择？可选择哪几种溶液，为什么？

3.实验中盐酸羟胺和醋酸钠的作用是什么？如果需要测定Fe^{2+}的含量，是否需要加入盐酸羟胺？

4.显色后溶液的吸光度与哪些因素有关？

实验32　邻二氮菲-铁(Ⅱ)配合物组成的测定

一、实验目的

1.掌握分光光度法测定配合物的原理、方法；

2.进一步学习分光光度法的数据处理方法。

二、实验原理

分析化学实验中，多数金属离子本身对可见光的吸收较弱，不能直接进行光度分析。因此，多数情况下，需要将待测物质定量转化为稳定的有色物质，这类反应称为显色反应。显色反应要求显色物质组成恒定、化学性质稳定。而配位反应就是一类重要的显色反应，因此要求用于光度分析的配合物组成要恒定，对于配位比有变化的配合物，必须控制反应条件使其配位比稳定。

金属离子M和配体L形成配合物的反应为：

$$M+nL=\!=\!=ML_n$$

配合物在一定条件下的配位比可以通过实验进行测定。在测定中需配制一系列配合物，金属离子的浓度固定，只改变显色剂的浓度，然后测定不同溶液的吸光度。显色剂浓度较低时，配合物浓度受显色剂制约，浓度较低，吸光度也较低；随显色剂浓度增大，配合物浓度也不断增大，吸光度增大；当金属离子消耗完之后，再继续增加配体的浓度，配合物浓度保持不变，吸光度也保持不变。以摩尔比为横坐标，以吸光度为纵坐标作图，曲线应由两段组成，开始为上升区，然后是平台区，根据两段曲线交点处的摩尔比可确定配合物的组成。

三、实验用品

1.仪器

UV-2100型分光光度计、容量瓶（50 mL）9个、吸量管或移液管（1 mL、2 mL、5 mL、10 mL）、比色皿、滴管。

2.试剂

1.0 $mmol\cdot L^{-1}$铁标准溶液［准确称取分析纯$NH_4Fe(SO_4)_2\cdot 12H_2O$药品0.4822 g于200 mL烧杯中，加入20 mL 6 mol L^{-1} HCl溶液和适量水溶解后，转移至1 L容量瓶中，定容至刻度线，摇匀备用］、100 $g\cdot L^{-1}$盐酸羟胺溶液、1.0 mmol L^{-1}邻二氮菲溶液（0.1802 g邻二氮菲加少量蒸馏水、几滴浓盐酸溶解后，定容至1 L）、1 $mol\cdot L^{-1}$ NaAc溶液、1 $mol\cdot L^{-1}$ NaOH溶液、6 $mol\cdot L^{-1}$ HCl溶液。

四、实验内容

磺基水杨酸铁Ⅲ配合物组成和稳定常数的测定

1. 系列溶液的配制

用移液管各移取1.0 mL 1.0 mmol·L^{-1}铁标准溶液至9个50 mL容量瓶中，各加入1 mL 100 g·L^{-1}盐酸羟胺溶液，摇匀，放置2 min，分别加入1.0 mL、1.5 mL、2.0 mL、2.5 mL、3.0 mL、3.5 mL、4.0 mL、4.5 mL、5.0 mL 1.0 mmol L^{-1}邻二氮菲溶液，5 mL 1 mol·L^{-1} NaAc溶液，定容，摇匀，放置10 min（编号1-1至1-9）。

2. 空白溶液的配制

按与1同样的方法，不加铁标准溶液，其他步骤完全相同，作为空白试样（编号2-1至2-9）。

3. 吸光度的测定

取1 cm比色皿，分别以2-1～2-9为参比，在510 nm下测定1-1～1-9的吸光度。以$\frac{c_{邻二氮菲}}{c_{Fe^{2+}}}$为横坐标，以吸光度（$A$）为纵坐标，绘制$A$-$\frac{c_{邻二氮菲}}{c_{Fe^{2+}}}$的关系曲线，确定配合物的组成。数据记录在表4-65中。

五、实验数据记录

表4-65　配合物组成的测定

	1	2	3	4	5	6	7	8	9
$V_{邻二氮菲}$ / mL									
$V_{Fe^{2+}}$ / mL									
$\frac{c_{邻二氮菲}}{c_{Fe^{2+}}}(\frac{V_{邻二氮菲}}{V_{Fe^{2+}}})$									
A									

【注意事项】

本实验应保证所有试样操作完全一致。

【思考题】

1. 为什么必须要用空白试样做参比溶液？能否用蒸馏水做参比溶液？

2. 该实验所得的曲线理论上为两条折线，实际上为一条弯曲的曲线，为什么？

实验33 茜素红S催化动力学光度法测定铜的含量

一、实验目的

1. 掌握催化动力学光度法测定微量铜的原理和方法；
2. 进一步熟悉分光光度计的使用。

二、实验原理

铜元素为人体所必需的微量元素之一，正常成人体内铜元素的含量为100～200 mg。铜元素在维持人体正常生命活动的过程中发挥着重要作用，铜缺乏会造成白癜风、少白头等；铜过量又会造成急性中毒、肝豆状核变性等。因此铜元素的测定具有重要意义，也是近年来的研究热点。催化动力学光度法具有检出限低、灵敏度高、选择性好、操作简单等特点，近年来常用于铜的测定。

在pH=5.0的柠檬酸-枸橼酸钠缓冲溶液中，Cu(II)、邻二氮菲同时存在，使H_2O_2氧化茜素红S的速度加快，因此茜素红S褪色加快。基于Cu(II)-邻二氮菲催化H_2O_2氧化茜素红S的反应建立的分析方法，适用于水样及茶叶样品中微量铜的测定。

三、实验用品

1. 仪器

UV-2100型分光光度计、10 mL比色管6个、吸量管或移液管（1 mL、2 mL、5 mL、10 mL）、比色皿、滴管、电热恒温水槽。

2. 试剂

100 μg·mL^{-1}铜（II）标准溶液（准确称取分析纯$CuSO_4·5H_2O$药品约0.1000 g于200 mL烧杯中，加入适量水溶解后，转移至1 L容量瓶中，定容至刻度线，摇匀备用）、2 mmol·L^{-1}茜素红S溶液、90 g·L^{-1} H_2O_2溶液、3 mmol·L^{-1}邻二氮菲溶液、柠檬酸-枸橼酸钠缓冲溶液、0.05 mol·L^{-1} EDTA溶液、废水试液。

四、实验内容

1. 标准曲线的绘制

于6支10 mL比色管中各加入0.6 mL 2 mmol·L^{-1}茜素红S溶液、2.2 mL柠檬酸-枸橼酸钠缓冲溶液、0.8 mL 3 mmol·L^{-1}邻二氮菲溶液、0.9 mL 90 g·L^{-1} H_2O_2溶液，然后分别加入100 μg·mL^{-1}铜（II）标准溶液0.0 mL、0.3 mL、0.6 mL、0.9 mL、1.2 mL、1.5 mL（编号1-1至1-6），摇匀，用蒸馏水稀释至刻度。将所有比色管置于90 ℃恒温水浴锅中加热15 min，取出后在冰水浴中冷却10 min，各加入0.2 mL 0.05 mol·L^{-1} EDTA溶液。

以蒸馏水为参比溶液，在所选定的测量波长423 nm下，测定各溶液的吸光度A，1号样品1-1为空白试样，其吸光度为A_0。然后以各溶液中铜（II）的含量为横坐标，以$\lg(A_0/A)$为纵坐标，绘制标准曲线。数据记录在表4-66中。

2. 铜含量的测定

取一定量废水试样于3个10 mL比色管中，各加入0.6 mL 2 mmol·L^{-1}茜素红S溶液、2.2 mL柠檬酸-枸橼酸钠缓冲溶液、0.8 mL 3 mmol·L^{-1}邻二氮菲溶液、0.9 mL 90 g·L^{-1} H_2O_2溶液，摇匀，用蒸馏水稀释至刻度。将比色管置于90 ℃恒温水浴锅中加热15 min后取出，在冰水浴中冷却10 min，各加入0.2 mL 0.05 mol·L^{-1} EDTA溶液。

以蒸馏水为参比溶液，在所选定的测量波长423 nm下，测定各溶液的吸光度A。然后计算$\lg(A_0/A)$，通过标准曲线计算未知样品中铜（II）的含量。数据记录在表4-67中。

五、实验数据记录

表4-66　标准曲线的绘制

	1	2	3	4	5	6
V_{Cu} / mL						
ρ_{Cu}/(mg·L^{-1})						
A_0						
A						
$\lg(A_0/A)$						

表4-67　不同浓度铜（II）的吸光度

	1	2	3
$V_{水样}$ / mL			
A_0			
A			
$\lg(A_0/A)$			
ρ_{Cu}/(mg·L^{-1})			
$\bar{\rho}_{Cu}$/(mg·L^{-1})			
$\bar{d}_r$ / %			

【注意事项】

1. 标准曲线的绘制，样品的测定，各试剂的加入量、加入顺序、加热、冷却等操作必须完全一致。

2. 未知样品的吸光度应在标准曲线的吸光度区间内，最好在中段，以减少测定误差。否则应对样品进行稀释或浓缩。

【思考题】

1. 简述测定微量铜的基本原理。
2. 本实验的最佳测定波长如何选择？
3. 本实验中各试剂的加入顺序能否随意改变，为什么？

实验34　邻二氮菲分光光度法测定铬、锰的含量

一、实验目的

1. 掌握分光光度法测定多组分含量的原理和方法；
2. 进一步掌握分光光度计的使用。

二、实验原理

分光光度法测定复杂样品中的组分含量时，若多种组分在某一波长处均有吸收，则其吸光度具有加和性：

$$A=A_1+A_2+\cdots+A_n=\varepsilon_1bc_1+\varepsilon_2bc_2+\cdots+\varepsilon_nbc_n$$

在对双组分进行测定时，可选择对两组分吸光度之差ΔA较大处的波长λ_1、λ_2分别进行测定：

$$A_{\lambda_1}=\varepsilon_{x_1}bc_x+\varepsilon_{y_1}bc_y$$

$$A_{\lambda_2}=\varepsilon_{x_2}bc_x+\varepsilon_{y_2}bc_y$$

式中：c_x、c_y为组分x、y的浓度，ε_{x_1}、ε_{y_1}为组分x、y在λ_1处的摩尔吸光系数，ε_{x_2}、ε_{y_2}为组分x、y在λ_2处的摩尔吸光系数，A_{λ_1}、A_{λ_2}分别为两组分在λ_1、λ_2处的总吸光度。摩尔吸光系数可以用组分x、y的纯样品测得，根据以上方程可计算得到两组分的浓度。

三、实验用品

1. 仪器

UV-2100型分光光度计、1000 mL容量瓶2个、滴定管、锥形瓶、分析天平、比色皿、滴管、电热板。

2. 试剂

$KMnO_4$，$K_2Cr_2O_7$，3 mol·L^{-1} H_2SO_4溶液，$Na_2C_2O_4$溶液，含$KMnO_4$、$K_2Cr_2O_7$混合物的未知溶液。

四、实验内容

1. 0.001 mol·L^{-1} $KMnO_4$标准溶液的配制和标定（参考实验18）

称取$KMnO_4$固体0.2 g于2000 mL烧杯中，加入1000 mL水，盖上表面皿，加热至沸腾并保持微沸状态1 h。冷却后转移至棕色瓶中，在暗处放置2～3天，然后用微孔玻璃漏斗（3号或4号）过滤除去MnO_2等杂质，滤液储存于棕色试剂瓶中备用。也可不过滤，直接取上层清液进行实验。

准确称取0.08～0.09 g $Na_2C_2O_4$于小烧杯中，再转移至250 mL容量瓶中，定容，摇匀。加入20.00 mL $Na_2C_2O_4$溶液、10 mL 3 mol·$L^{-1}$$H_2SO_4$溶液，加热至75～85 ℃，趁热用$KMnO_4$标准溶液滴定（注意控制滴定速度和温度）至溶液呈现淡粉色并持续30 s内不褪色，即为终点。滴定中要始终保持温度不低于60℃，重复滴定至少3次。计算$KMnO_4$的准确浓度。数据记录在表4-68中。

2. 0.001 mol·L^{-1} $K_2Cr_2O_7$标准溶液的配制

准确称取0.30 g $K_2Cr_2O_7$，加水溶解后转移至1 L的容量瓶中，定容，摇匀。

3.吸收曲线的绘制

取两只1 cm比色皿，分别用$KMnO_4(x)$、$K_2Cr_2O_7(y)$润洗3次，再加入相应的标准溶液。然后以蒸馏水为参比溶液，测得两种标准溶液的吸光度A：在420～700 nm之间，每隔10 nm测一次。每换一次波长，均需要以蒸馏水为参比溶液调至T模式调0%和100%，然后调至A模式对标准溶液进行测定。以波长（λ）为横坐标，以吸光度（A）为纵坐标，绘制两条A-λ的关系曲线，即为吸收曲线。从吸收曲线上找出最大吸收波长λ_1、λ_2，并根据精确浓度分别计算出两种物质在该波长下的摩尔吸收系数ε_{x_1}、ε_{y_1}、ε_{x_2}、ε_{y_2}。数据记录在表4-69中。

4.混合试样的测定

准确移取$KMnO_4$、$K_2Cr_2O_7$混合液10.00 mL，转移至50.00 mL容量瓶中，定容，摇匀。取1只1 cm比色皿，润洗3次，再装入混合液。然后以蒸馏水为参比溶液，测得其在λ_1、λ_2处的吸光度A_1、A_2。数据记录在表4-70中。

五、实验数据记录

1.$KMnO_4$溶液的标定

表4-68 $KMnO_4$溶液的标定

	1	2	3
$m_{Na_2C_2O_4}$ / g			
$V_{KMnO_4 始}$ / mL			

续表4-68

	1	2	3
$V_{KMnO_4末}$ / mL			
V_{KMnO_4} / mL			
c_{KMnO_4} /($mol \cdot L^{-1}$)			
$\bar{c}_{KMnO_4}$ /($mol \cdot L^{-1}$)			
$\bar{d}_r$ / %			

2. 吸收曲线的绘制及最大吸收波长λ_1、λ_2的确定

表4-69 不同波长下的吸光度

λ/nm	$A(KMnO_4)$	$A(K_2Cr_2O_7)$	λ/nm	$A(KMnO_4)$	$A(K_2Cr_2O_7)$	λ/nm	$A(KMnO_4)$	$A(K_2Cr_2O_7)$
420			520			620		
430			530			630		
440			540			640		
450			550			650		
460			560			660		
470			570			670		
480			580			680		
490			590			690		
500			600			700		
510			610					

3. 不同波长下混合样品的吸光度

表4-70 不同波长下混合样品的吸光度

	λ_1(440 nm)	λ_2(530 nm)
A		

【注意事项】

该方法对浓度低的组分的分析效果更好，浓度高的溶液会偏离朗伯比尔定律。

【思考题】

1. 混合物中各组分吸收曲线重叠时，为什么要选吸光度相差最大处进行测定？
2. 摩尔吸收系数的含义是什么？与哪些因素有关？

第5章 综合实验

实验35 甲基橙的合成、变色范围及解离常数的测定[3,5-8]

一、实验目的

1. 掌握甲基橙合成的原理及方法；
2. 了解比色法在指示剂变色范围确定中的应用；
3. 掌握分光光度法测定弱电解质解离常数的方法。

二、实验原理

甲基橙合成反应如下：

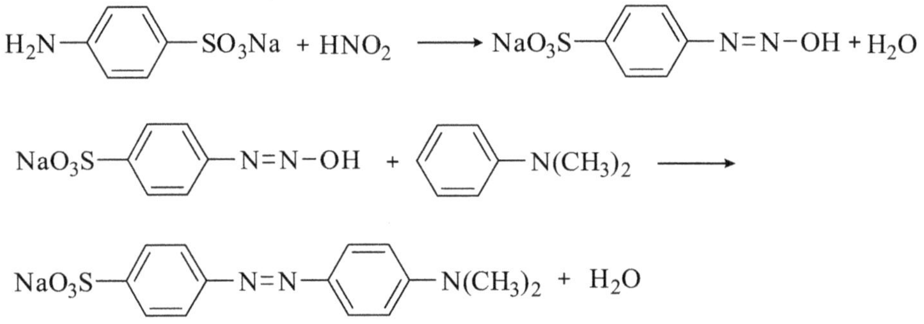

酸碱指示剂的变色范围是指随着溶液pH的变化，指示剂的颜色发生变化的范围。该范围有两个端点，一点为酸式色对应的最小的pH，一点为碱式色对应的最大pH，该范围内指示剂颜色为混合色。可通过不同pH的缓冲溶液，来确定甲基橙的变色范围。

指示剂的变色原理：

$$HIn \rightleftharpoons H^+ + In^-$$

酸式　　碱式

红色　　黄色

$$K = \frac{[H^+][In^-]}{[HIn]}$$

pH<3.1时，甲基橙以酸式型体为主，为红色，在520 nm处的吸光度为A_1。pH>4.4时，甲基橙以碱式型体为主，为黄色，在520 nm处的吸光度为A_2。在变色区间内，甲基橙中酸式、碱式型体共同存在，在520 nm处的吸光度为A_3。假设酸式型体的百分数为y，碱式型体的百分数为$1-y$，则有以下关系式：

$$A_1=\varepsilon_1 bc$$

$$A_2=\varepsilon_2 bc$$

$$\begin{aligned}A_3&=\varepsilon_1 bcy+\varepsilon_2 bc(1-y)\\&=A_1 y+A_2(1-y)\end{aligned}$$

$$y=\frac{A_3-A_2}{A_1-A_2}$$

$$1-y=\frac{A_1-A_3}{A_1-A_2}$$

测量时，以碱式型体的溶液为参比溶液，则$A_2=0$，即可根据以上吸光度数据计算得到解离常数：

$$\begin{aligned}K&=[\mathrm{H}^+]\frac{A_1-A_3}{A_3-A_2}\\&=[\mathrm{H}^+]\frac{A_1-A_3}{A_3}\end{aligned}$$

三、实验用品

1. 仪器

三颈烧瓶（100 mL）、分液漏斗、回流冷凝管、磁力搅拌器、循环水泵、吸量管、比色管（25.00 mL）、UV-2100型分光光度计、酸度计、容量瓶（250 mL、500 mL）。

2. 试剂

对氨基苯磺酸、亚硝酸钠、N，N-二甲基苯胺、NaOH固体、1.00 $mol\cdot L^{-1}$ NaOH溶液、浓盐酸、冰醋酸、乙醇、淀粉碘化钾试纸、邻苯二甲酸氢钾（$KHC_8H_4O_4$）、HAc-NaAc缓冲溶液。

四、实验内容

1. 甲基橙的合成

在100 mL三颈烧瓶中加入对氨基苯磺酸2.1 g、亚硝酸钠0.8 g、30 mL水，放入磁子，中间安装回流冷凝管，一侧安装滴液漏斗，搅拌至完全溶解。用滴管滴加1.3 mL N，N-二甲基苯胺，滴加完毕继续搅拌20 min，再滴加1.3 mL 1.00 $mol\cdot L^{-1}$ NaOH溶液，搅拌5 min。加热使烧瓶中固体溶解，然后冷却至室温待固体重新析出，抽滤得粗产品。将粗产品重新用热水溶解后使甲基橙析出，抽滤，用少量乙醇洗涤，即得到甲基橙晶体。

2.酸碱指示剂变色范围的确定

0.2000 mol·L^{-1} $KHC_8H_4O_4$溶液：准确称取10.2110 g $KHC_8H_4O_4$，用水溶解后转移至250 mL容量瓶中，定容，摇匀。

0.1 mol·L^{-1} NaOH溶液：2.0 g NaOH溶解于蒸馏水中，稀释至500 mL。取25.00 mL，用$KHC_8H_4O_4$溶液标定，平行测定3次。

0.1 mol·L^{-1} HCl溶液：取4.0 mL浓盐酸试剂，稀释至500 mL。取20.00 mL，用已标定的NaOH溶液标定，平行测定3次。

按表5-1配制缓冲溶液，分别置于10支25.00 mL比色管中，再加入0.10 mL甲基橙溶液，稀释至刻度，摇匀。进行目视比色，确定变色区域。

表5-1　缓冲溶液的配制

pH	HCl/mL	NaOH/mL	$KHC_8H_4O_4$/mL
2.8	7.23		6.25
3.0	5.58		6.25
3.2	4.50		6.25
3.4	3.27		6.25
3.6	2.29		6.25
3.8	1.55		6.25
4.0	0.27		6.25
4.2		1.44	6.25
4.4		1.68	6.25
4.6			6.25

该表中数据为0.2000 mol·L^{-1} $KHC_8H_4O_4$溶液、0.1 mol·L^{-1}NaOH溶液和0.1 mol·L^{-1} HCl溶液的理论用量，实际浓度与之有差别时用量需微调，或用电位滴定仪来控制酸或碱的加入量。

3.甲基橙解离常数的测定

取三支25.00 mL比色管，分别加入甲基橙水溶液10.00 mL，第一支再加入1.00 mL HCl溶液（酸色），第三支再加入1.00 mL pH=4的HAc-NaAc缓冲溶液（混合色），第二支比色管中的溶液为中性，显碱色；将所有溶液定容至刻度线，摇匀。以第二支比色管中的试液为参比试液，测定吸光度A_1、A_3。根据吸光度及第三支比色管中氢离子的浓度，计算解离常数。

【注意事项】

1.变色区间测定时，在颜色发生变化的相邻两点之间需再加一个试样，使区间更准确。

2.pH=4的HAc-NaAc缓冲溶液要准确配制，否则会影响测定结果。

【思考题】

1. 实验中为什么不能用含CO_2的水？
2. 温度及甲基橙的浓度对测定结果有何影响？
3. 还有哪些方法可以测定甲基橙的解离常数？

实验36 乙二胺四乙酸铁钠的制备及组成的测定[9-10]

一、实验目的

1. 掌握乙二胺四乙酸铁钠的制备方法；
2. 进一步熟悉络合滴定及乙二胺四乙酸铁钠的测定方法。

二、实验原理

乙二胺四乙酸铁钠是新型补铁剂，性质稳定，副作用小，吸收率高，还具有促进内源性铁的吸收及排毒的作用。

$$Fe^{3+} + Na_2H_2Y \xlongequal{} NaFeY + 2H^+ + Na^+$$

乙二胺四乙酸铁钠的组成测定：铁元素通过络合滴定进行测定，结晶水的含量通过挥发法进行测定，钠元素的含量通过差减法计算得到。

三、实验用品

1. 仪器

容量瓶、滴定管、锥形瓶、分析天平、滴管、布氏漏斗、抽滤瓶、真空泵、烘箱、酸度计。

2. 试剂

$FeCl_3 \cdot 3H_2O$、乙二胺四乙酸二钠（$Na_2H_2Y_2 \cdot 2H_2O$）、$NaHCO_3$、NaOH、1∶1 HNO_3溶液、1∶1 HCl溶液、1∶1 氨水溶液、无水乙醇、50 g·L^{-1} $SnCl_2$溶液、$KMnO_4$、$K_2Cr_2O_7$（150～180 ℃干燥2 h后备用）、H_2SO_4-H_3PO_4混酸（浓硫酸15 mL缓慢加至70 mL水中，冷却后加入浓磷酸15 mL，混匀）、2 g·L^{-1} 二苯胺磺酸钠溶液、硅钼黄（取1.35 g $Na_2SiO_3 \cdot 9H_2O$于小烧杯中，加入10 mL水、5 mL HCl，混匀，加入25 mL 50 g·L^{-1}钼酸铵溶液，稀释至100 mL，放置3天即可使用）、0.02 mol·L^{-1} 锌标准溶液。

四、实验内容

1. $NaFeY \cdot 3H_2O$的合成

分别称取3.72 g $Na_2H_2Y_2 \cdot 2H_2O$、2.70 g $FeCl_3 \cdot 3H_2O$溶于20 mL水中，加入$NaHCO_3$

调节至溶液pH=5，反应30 min。静置，抽滤，干燥后得到$NaFeY \cdot 3H_2O$粉末。

2. $NaFeY \cdot 3H_2O$中铁含量的测定

用$K_2Cr_2O_7$进行滴定。平行测定3次（参考实验19）。

（1）0.01 $mol \cdot L^{-1}$ $K_2Cr_2O_7$标准溶液的配制：

准确称取0.6～0.7 g $K_2Cr_2O_7$固体于100 mL烧杯中，加入适量水使其完全溶解后转移至250 mL容量瓶中，定容，摇匀待用。

（2）铁含量的测定：

准确称取约0.5 g $NaFeY \cdot 3H_2O$粉末，加HCl溶解后，趁热滴加$SnCl_2$溶液并不断摇动至溶液呈浅黄色，加入3滴硅钼黄指示剂，此时溶液为黄绿色，继续滴加$SnCl_2$溶液至溶液呈纯蓝色，即为终点（若$SnCl_2$溶液滴加过量，则应加入2%的$KMnO_4$溶液至溶液呈黄绿色，再继续用$SnCl_2$溶液滴加至溶液呈纯蓝色）。加蒸馏水稀释至150 mL，再加入15 mL硫磷混酸、4～6滴二苯胺磺酸钠指示剂，用$K_2Cr_2O_7$标准溶液滴定至溶液呈紫色，即为终点。数据记录在表5-2中。

3. Y^{4-}含量的测定

准确称取0.7 g $NaFeY \cdot 3H_2O$粉末，用HCl溶解后，再用离子交换树脂脱去Fe^{3+}，转移至100 mL容量瓶中，定容，摇匀备用。

移取20.00 mL上述溶液于250 mL锥形瓶中，加入2滴二甲酚橙指示剂，加入六次甲基四胺溶液5 mL，滴加1∶1 HNO_3至溶液刚好呈亮黄色，立即用锌标准溶液滴定至溶液变为紫红色，即为终点。记下读数，平行测定3次。数据记录在表5-3中。

4. 结晶水含量的测定

用挥发法测定结晶水的含量（参考实验30）。

（1）称量瓶的称量：

取两个称量瓶洗净后放于洁净的表面皿上，置于125 ℃烘箱中干燥，盖子应取下横放于称量瓶上，并在表面皿上做好标记。第一次烘干约2 h后，转入干燥器中冷却至室温，在分析天平上称重。然后放入相同温度的烘箱中，继续烘干30 min，再转入干燥器中冷却至室温，称重。如此循环操作，直至两次称量的质量差在0.2 mg之内，即认为已恒重，此时的质量即为称量瓶的质量$m'_{瓶}$。

（2）$NaFeY \cdot 3H_2O$的挥发：

称量0.5 g左右的$NaFeY \cdot 3H_2O$固体于两个称量瓶中，并放在做好标记的相应表面皿上，仍将盖子横放于称量瓶上，第一次烘干约2 h后，转入干燥器中冷却至室温，在分析天平上称重。然后放入相同温度的烘箱中，继续烘干30 min，再转入干燥器中冷却至室温，称重。如此循环操作，直至两次称量的质量差在0.2 mg之内，即认为已恒重，此时的质量即为失去结晶水后样品与称量瓶的质量$m'_{瓶+样品}$。结晶水的质量为$m'_{瓶}+m_{样品}-m'_{瓶+样品}$，由此可计算出结晶水的个数。数据记录在表5-4中。

五、实验数据记录

表5-2 铁含量的测定

	1	2	3
$m_{K_2Cr_2O_7}$ / g			
$c_{K_2Cr_2O_7}$/(mol·L^{-1})			
$V_{K_2Cr_2O_7}$ / mL			
$m_{NaFeY \cdot H_2O}$ / g			
$\omega_{Fe^{2+}}$ / %			
$\overline{\omega}_{Fe^{2+}}$ / %			
$\overline{d}_r$ / %			

表5-3 Y^{4-}含量的测定

	1	2	3
$m_{ZnSO_4 \cdot 7H_2O}$ / g			
c_{Zn}/(mol·L^{-1})			
V_{Zn} / mL			
$m_{NaFeY \cdot H_2O}$ / g			
$\omega_{Y^{4-}}$ / %			
$\overline{\omega}_{Y^{4-}}$ / %			
$\overline{d}_r$ / %			

表5-4 结晶水含量的测定

	2 h	2.5 h	3 h	3.5 h
$m_{瓶1}$ / g				
$m_{瓶2}$ / g				
$m'_{瓶1}$ / g				
$m'_{瓶2}$ / g				
$m_{样品1}$ / g				
$m_{样品2}$ / g				
$m_{瓶1+样品1}$ / g				
$m_{瓶2+样品2}$ / g				
$m'_{瓶1+样品1}$ / g				
$m'_{瓶2+样品2}$ / g				
ω_{H_2O} / %				
$\overline{\omega}_{H_2O}$ / %				
$\overline{d}_r$ / %				

【思考题】

1. 合成 $NaFeY \cdot 3H_2O$ 时为什么要将pH调至5?
2. 测定铁含量时 Y^{4-} 有没有干扰，为什么?
3. 阴离子交换树脂脱去 Fe^{3+} 的原理是什么，能否用阳离子交换树脂?
4. 测定钠离子的含量有哪些方法?

实验37 蛋壳制备乳酸钙及纯度测定[3,11-13]

一、实验目的

1. 了解蛋壳的成分及应用;
2. 掌握乳酸钙的制备方法及纯度测定方法。

二、实验原理

鸡蛋壳的主要成分为 $CaCO_3$，此外还有 $MgCO_3$、$Mg_3(PO_4)_2$、有机物等。蛋壳分为乳头层、海绵层、角质层，是天然的钙源。蛋壳经脱膜处理后，可与乳酸制得乳酸钙，可应用于药物、食品等领域。膜可用于化妆品、生物酶的生产。壳膜之间的作用力，在酸碱加机械搅拌的作用下会破坏，实现分离。乳酸钙的制备原理如下：

$$CaCO_3 \xlongequal{} CaO + CO_2\uparrow$$

$$CaO + H_2O \xlongequal{} Ca(OH)_2$$

$$Ca(OH)_2 + 2\,CH_3CH(OH)COOH \xlongequal{} Ca[CH_3CH(OH)COO]_2 + 2H_2O$$

乳酸钙的纯度，可通过EDTA络合滴定测定出的钙的含量计算得到。

三、实验用品

1. 仪器

马弗炉、烘箱、磁力搅拌器、分析天平、酸式滴定管（25.00 mL）1支、移液管（20.00 mL）1个、吸耳球、锥形瓶（250 mL）3个、烧杯（500 mL）2个、滴管、洗瓶、容量瓶（250 mL）1个、量筒（20 mL）1个、称量瓶、玻璃棒。

2. 试剂

鸡蛋壳、0.02 mo1·L^{-1} EDTA溶液、$CaCO_3$（110 ℃干燥2 h，稍冷后置于干燥器中）、6 mol·L^{-1} HCl溶液、乳酸、醋酸、0.1 mol·L^{-1} NaOH溶液、钙指示剂（5 g·L^{-1}乙醇溶液）。

四、实验内容

1.壳膜分离

将蛋壳的泥土、杂质用自来水清洗干净，烘干备用。

称取50 g蛋壳于烧杯中，加40 ℃温水150 mL，保持温度恒定，滴加20 mL 6 $mol\cdot L^{-1}$ HCl溶液，在搅拌的条件下浸泡1 h。倒掉浸泡液，将蛋壳用水浸泡洗涤3次，除去表面的酸等杂质，回收蛋壳膜。将蛋壳洗净晾干，在烘箱中110 ℃烘干1 h，然后碾碎得到蛋壳粉。

2.煅烧分解

将蛋壳粉置于马弗炉中900 ℃煅烧2 h，蛋壳粉变为白色，主要成分为CaO。

3.乳酸钙的制备

称取研细的白色蛋壳粉1 g（0.01786 mol），加入50 mL蒸馏水制成石灰乳，在不断搅拌的条件下缓慢加入乳酸溶液（2.7 mL，8.37 $mol\cdot L^{-1}$，过量0.005 mol），将反应温度控制在50 ℃，继续搅拌至溶液澄清。过滤除去不溶物，将滤液用旋转蒸发仪蒸发浓缩，浓缩物在干燥箱中120 ℃烘干2 h脱水，即可得到乳酸钙粉末。

4.乳酸钙纯度分析

（1）0.02 $mol\cdot L^{-1}$ EDTA溶液的配制和标定（参考实验12、实验15）。

将数据记录在表5-5中。

（2）准确称取1.5～1.8 g乳酸钙于50 mL烧杯中，加少量水润湿使其呈糊状，盖上表面皿，沿烧杯杯嘴滴加约10 mL 6 $mol\cdot L^{-1}$ HCl溶液，使乳酸钙完全溶解。溶解后，用水冲洗烧杯内壁和表面皿，将溶液转移至250 mL容量瓶中，用少量水冲洗烧杯和表面皿3次，冲洗液全部转移至容量瓶中，定容，摇匀。

移取20.00 mL上述溶液于250 mL锥形瓶中，加70 mL蒸馏水稀释，再加入5 mL NaOH溶液、2滴钙指示剂，用EDTA滴定至蓝色，即为终点。平行测定3次，计算乳酸钙溶液的浓度。

数据记录在表5-6中。

五、实验数据记录

表5-5 EDTA溶液的标定

	1	2	3
m_{CaCO_3} / g			
V_{CaCO_3} / mL			
c_{CaCO_3}/($mol\cdot L^{-1}$)			
$V_{EDTA始}$ / mL			

续表5-5

	1	2	3
$V_{EDTA末}$ / mL			
V_{EDTA} / mL			
c_{EDTA}/(mol·L^{-1})			
$\bar{c}_{EDTA}$/(mol·L^{-1})			
$\bar{d}_r$ / %			

表5-6 乳酸钙中钙的测定

	1	2	3
m / g			
$V_{EDTA始}$ / mL			
$V_{EDTA末}$ / mL			
V_{EDTA} / mL			
ω_{Ca} / %			
$\bar{d}_r$ / %			

【注意事项】

1.灰化结束后，应用HCl检验是否灰化完全。
2.乳酸钙极易吸水，应在真空干燥箱中干燥。

【思考题】

1.制备乳酸钙时，乳酸量过多会怎样，为什么？
2.蛋壳中的碳酸钙能否直接用于制备乳酸钙？

实验38 实验室含铬废液回收、价态分析及评价[3,14-15]

一、实验目的

1.掌握吸光光度法测定铬的原理；
2.了解铬回收的处理方法；
3.掌握重结晶纯化的方法。

二、实验原理

先将含六价铬的废液调节至酸性，再用亚硫酸氢钠将Cr^{6+}还原为Cr^{3+}，然后调节至碱性，使Cr^{3+}转化为$Cr(OH)_3$沉淀析出。抽滤得到的$Cr(OH)_3$沉淀经处理后可得到$K_2Cr_2O_7$，从而进行回收。滤液中剩余的铬含量是否符合排放标准，用分光光度法进行测定。

三、实验用品

1.仪器

UV-2100型分光光度计、分析天平、比色皿、抽滤瓶、真空泵、布氏漏斗、容量瓶（50 mL、100 mL、250 mL）。

2.试剂

含铬废液、二苯基碳酰二肼、丙酮、亚硫酸氢钠、$K_2Cr_2O_7$、6 $mol\cdot L^{-1}$ HCl溶液、H_2SO_4溶液、H_3PO_4溶液、30% H_2O_2、6 $mol\cdot L^{-1}$ KOH溶液。

四、实验内容

1.溶液的配制

（1）铬显色剂的配制：

准确称取0.2000 g二苯基碳酰二肼溶于50 mL丙酮，转移至100 mL棕色容量瓶中，加入12.5 mL H_2SO_4、12.5 mL H_3PO_4，混匀后定容，冰箱冷藏备用。

（2）铬标准溶液的配制：

准确称量0.7072 g $K_2Cr_2O_7$，加适量水溶解后转移至250 mL容量瓶中，定容，摇匀，得到1 $g\cdot L^{-1}$的铬标准溶液。

取1.0 mL铬标准溶液至100 mL容量瓶中，摇匀，定容，得到10 $mg\cdot L^{-1}$铬标准溶液。

2.标准曲线的绘制

用移液管分别移取0.00 mL、0.50 mL、1.00 mL、2.00 mL、3.00 mL、3.50 mL 10 $mg\cdot L^{-1}$的铬溶液于6个50 mL容量瓶中，加蒸馏水稀释至40 mL，再加入4.50 mL显色剂溶液，定容，摇匀。静置10 min，装入1 cm比色皿中，以空白试剂为参比溶液，于540 nm处测定吸光度，绘制标准曲线。数据记录在表5-7中。

3.含铬废液中铬的测定

取10.00 mL含铬废液至50 mL容量瓶中，加蒸馏水稀释至40 mL，再加入4.50 mL显色剂溶液，定容，摇匀。静置10 min，装入1 cm比色皿中，以空白试剂为参比溶液，于540 nm处测定吸光度。

4.含铬废液中铬的回收

将含Cr（VI）的废液先调节至pH为2～3，再加入1.5倍理论用量的亚硫酸氢钠（理论用量为铬的物质的量的1.5倍，实际用量为理论用量的1.5倍，即所需质量为铬的物质的量的2.25倍乘以亚硫酸氢钠的摩尔质量）并不断搅拌，将Cr（VI）还原为Cr^{3+}，然后用6 $mol\cdot L^{-1}$ KOH调节至pH为7.0～7.5，静置24 h，使Cr^{3+}完全转化为$Cr(OH)_3$沉淀析出，抽滤得到$Cr(OH)_3$沉淀。

滤液中剩余的铬含量是否符合排放标准，用分光光度法按步骤3进行测定。

$Cr(OH)_3$沉淀在加入1.5倍理论用量的H_2O_2（其物质的量为铬的物质的量的2.25倍，1 mol铬需加30 %的过氧化氢255 g）后重新氧化为Cr（VI），然后用6 mol·L^{-1} KOH调节至pH=10，加热除去过量的H_2O_2，过滤除去不溶性杂质。加入6 mol·L^{-1} HCl调节至pH为1～2，加热浓缩至有少量晶体析出，停止加热，趁热过滤，用热水洗涤沉淀。合并滤液，冷却至室温，待滤液开始析出$K_2Cr_2O_7$晶体，可将滤液转至冰水浴使晶体析出完全。$K_2Cr_2O_7$晶体采用重结晶提纯，干燥后称重。

测量废液处理前后的吸光度，计算其含量；记录$K_2Cr_2O_7$晶体粗品及重结晶产品的质量。

实验中所产生的废液可集中回收，按以上步骤处理。

五、实验数据记录

表5-7　标准曲线的绘制

	1	2	3	4	5	6
V_{Cr} / mL						
ρ_{Cr} /(mg·L^{-1})						
A						

【注意事项】

1.实验前需对废液进行初步分析，以排除其他离子对测定的干扰。

2.蒸发浓缩时注意控制加热速度，以免液体飞溅。

【思考题】

1.该方法测定铬的含量与实验34测定铬的含量的区别在哪里，能否参考实验34直接用$K_2Cr_2O_7$比色法进行测定？

2.重铬酸钾重结晶应如何操作？

实验39　硅酸盐水泥熟料中SiO_2、Fe_2O_3、Al_2O_3、CaO和MgO含量的测定[1]

一、实验目的

1.学习复杂物质多组分测定的系统分析方法；

2.掌握均匀沉淀法等分离技术。

二、实验原理

硅酸盐水泥熟料是由水泥生料经1400 ℃以上的高温煅烧而成的。样品中SiO_2含量的测定采用氯化铵重量法。将试样与固体NH_4Cl混匀后，用盐酸分解试样，水浴加热，使H_2SiO_3脱水凝聚。所得沉淀经过滤、洗涤后，900 ℃灼烧至恒重，称量，计算SiO_2的含量。

滤液中含有Fe^{3+}、Al^{3+}、Ca^{2+}、Mg^{2+}，它们均可与EDTA形成稳定的络合物，因此，可适当控制酸度，采用配位滴定法分别进行测定。将pH调节至1～3，以磺基水杨酸为指示剂，以EDTA为滴定剂，可测定试液中Fe^{3+}的浓度；将pH调节至3～4，加入定量且过量的EDTA溶液，加热，使Al^{3+}与EDTA发生配位反应，以PAN为指示剂，用$CuSO_4$标准溶液返滴定过量的EDTA，可计算出试液中Al^{3+}的含量。

采用均匀沉淀法使试液中Fe^{3+}、Al^{3+}生成沉淀，经过滤，实现Fe^{3+}、Al^{3+}与Ca^{2+}、Mg^{2+}的分离。将pH调节至12～13，加入钙指示剂，可测定试液中Ca^{2+}的含量；在pH为9～10的氨性缓冲溶液中，加入K-B指示剂，用EDTA滴定至终点，即可测定Ca^{2+}、Mg^{2+}的总量。

三、实验用品

1.仪器

马弗炉、瓷坩埚、坩埚钳、电热板、分析天平、容量瓶、烧杯、酸式滴定管、锥形瓶、表面皿、吸量管。

2.试剂

0.01 $mol\cdot L^{-1}$ EDTA标准溶液、浓盐酸、1∶1 HCl溶液、3∶97 HCl溶液、浓硝酸、1∶1氨水、10% NaOH溶液、NH_4Cl、10% NH_4SCN溶液、1∶1三乙醇胺溶液、0.015 $mol\cdot L^{-1}$ $CuSO_4$标准溶液（称取1.87 g $CuSO_4\cdot 5H_2O$，加适量蒸馏水溶解，再加入80 mL冰醋酸，用蒸馏水稀释至500 mL）、HAc-NaAc缓冲溶液（pH=4.3）、NH_3-NH_4Cl缓冲溶液（pH=10）、0.05%溴甲酚绿指示剂（溶剂为20%乙醇溶液）、10%磺基水杨酸指示剂、PAN指示剂（1%乙醇溶液）、K-B指示剂（准确称取1 g酸性铬蓝K、2.5 g萘酚绿B与50 g烘干的硝酸钾混合研细）、钙指示剂、10%酒石酸钾钠、尿素溶液。

四、实验内容

1.EDTA溶液的标定

准确量取25.00 mL待标定的EDTA溶液于250 mL锥形瓶中，加75 mL蒸馏水，加入15 mL pH=4.3的HAc-NaAc缓冲溶液，加热至微沸，稍冷后，加入5滴1% PAN指示剂，用$CuSO_4$标准溶液滴定至滴定终点（溶液呈紫色）。平行滴定3次，计算EDTA溶液的浓度。数据记录在表5-8中。

2.样品处理

准确称取0.5 g硅酸盐水泥熟料于干燥的烧杯中，加入2 g NH_4C1，混匀，逐滴加入2 mL浓盐酸，再加入一滴浓硝酸，搅拌混匀，盖上表面皿，沸水浴加热10～15 min。加入10 mL热的3：97 HCl溶液，用玻璃棒充分搅拌，趁热过滤，用250 mL容量瓶承接滤液，用热的3：97 HCl溶液充分洗涤烧杯及沉淀至无Fe^{3+}为止（用NH_4SCN溶液在滤纸上进行检验），冷却，用蒸馏水稀释至刻度，摇匀，所得溶液记为1号。

3. SiO_2含量的测定

将瓷坩埚洗净，烘干至恒重，准确称量其质量，记为m_1。

将上述沉淀连同滤纸放入瓷坩埚中，炭化后，置于马弗炉中，900 ℃灼烧至恒重（约60 min），冷却后称量坩埚连同灰分的总质量，记为m_2，计算试样中SiO_2的含量。

$$\omega_{SiO_2} = \frac{m_2 - m_1}{m_s} \times 100\%$$

4. Fe_2O_3含量的测定

准确量取50.00 mL 1号滤液于400 mL烧杯中，加75 mL蒸馏水，加入2滴0.05%溴甲酚绿指示剂，滴加1：1氨水，使溶液呈绿色，用1：1HCl溶液将pH调至2，加热至60～70 ℃后，加入10滴10%磺基水杨酸，用EDTA标准溶液滴定至终点（溶液呈亮黄色），计算样品中Fe_2O_3的含量。

$$\omega_{Fe_2O_3} = \frac{\frac{1}{2}(cV)_{EDTA} \times M_{Fe_2O_3} \times 5}{m_s} \times 100\%$$

5. Al_2O_3含量的测定

在上述滴定后的溶液中加入20.00 mL EDTA标准溶液，再加入15 mL pH=4.3的HAc-NaAc缓冲溶液，加热煮沸2 min，稍冷后，加入4滴1% PAN指示剂，用$CuSO_4$标准溶液滴定至紫色，计算样品中Al_2O_3的含量。

$$\omega_{Al_2O_3} = \frac{\frac{1}{2}\left[(cV)_{EDTA} - (cV)_{CuSO_4}\right] \times M_{Al_2O_3} \times 5}{m_s} \times 100\%$$

6. CaO和MgO含量的测定

准确量取100.00 mL试液于200 mL烧杯中，滴加1：1氨水至沉淀生成，再滴加2mol·L^{-1} HCl溶液至沉淀溶解。加入25 mL尿素溶液，加热20 min，不断搅拌，使Fe^{3+}、Al^{3+}完全沉淀，趁热过滤，将滤液用250 mL容量瓶承接，用热的1% NH_4NO_3水溶液洗涤沉淀至无Cl^-为止。滤液冷却后，用蒸馏水稀释至刻度，摇匀，所得溶液记为2号。

准确量取25.00 mL 2号滤液于250 mL锥形瓶中，加25 mL蒸馏水，加4 mL 1：1三乙醇胺，摇匀，加入5 mL 10% NaOH溶液，混匀，加入0.003 g钙指示剂，用EDTA溶液滴定至终点（纯蓝色），消耗的EDTA的体积记为V_1，平行滴定3次，计算CaO的含量。

$$\omega_{CaO} = \frac{(cV_1)_{EDTA} \times M_{CaO}}{m_s \times \frac{100.00}{250} \times \frac{25.00}{250}} \times 100\%$$

量取2号滤液25.00 mL于250 mL锥形瓶中，加25 mL蒸馏水，分别加入1 mL 10%酒石酸钾钠溶液、4 mL 1∶1三乙醇胺溶液，摇匀，加入5 mL pH为10的氨性缓冲溶液，再加入0.03 g K-B指示剂，用EDTA溶液滴定至终点（溶液呈纯蓝色），由此计算滤液中钙、镁的总量，消耗的EDTA的体积记为V_2，平行滴定3次，计算MgO的含量。数据记录在表5-9中。

$$\omega_{MgO} = \frac{\left[(cV_2)_{EDTA} - (cV_1)_{EDTA}\right] \times M_{MgO}}{m_s \times \frac{100.00}{250} \times \frac{25.00}{250}} \times 100\%$$

五、实验数据记录

表5-8 EDTA溶液的标定

	1	2	3
m_{CuSO_4} / g			
c_{CuSO_4}/(mol·L^{-1})			
$V_{EDTA始}$ / mL			
$V_{EDTA末}$ / mL			
V_{EDTA} / mL			
c_{EDTA}/(mol·L^{-1})			
$\bar{c}_{EDTA}$/(mol·L^{-1})			
$\bar{d}_r$ / %			

表5-9 硅酸盐水泥熟料中各组分含量的测定

组分	含量/%	d_r / %
SiO_2		
Fe_2O_3		
Al_2O_3		
CaO		
MgO		

【注意事项】

1.因为Fe^{3+}、Al^{3+}会干扰Ca^{2+}、Mg^{2+}的测定，所以应预先分离，再进行测定。

2.分离Fe^{3+}、Al^{3+}与Ca^{2+}、Mg^{2+}时，若用氨水沉淀，则生成的$Fe(OH)_3$对Ca^{2+}、Mg^{2+}吸附较严重，因此采用尿素均匀沉淀法，这样可得到大颗粒沉淀，减少沉淀对Ca^{2+}、Mg^{2+}的吸附。

【思考题】

1.本实验中，测定Al^{3+}为什么采用返滴定法？

2.配位滴定测定Ca^{2+}、Mg^{2+}时，如何消除Ca^{2+}、Mg^{2+}的干扰？

实验40　竹叶中总黄酮的提取与测定[1,16]

一、实验目的

1.掌握分光光度法测定总黄酮的原理；

2.了解竹叶中总黄酮的提取方法。

二、实验原理

黄酮是竹叶中的主要活性成分，具有抗氧化、清除自由基、抗菌、抗病毒、保护心脑血管等作用，广泛应用于食品保鲜、化妆品及药物的研发。对竹叶提取物中总黄酮的含量进行测定具有重要的意义，应用较为广泛的为分光光度法，标准品分别选用芦丁和异荭草苷。

三、实验用品

1.仪器

分光光度计、离心机、微波萃取仪、超声清洗仪、分析天平、比色皿。

2.试剂

竹叶、芦丁及异荭草苷标准溶液、50 g·L^{-1} $NaNO_2$溶液、100 g·L^{-1} $Al(NO_3)_3$溶液、1 mol·L^{-1} NaOH溶液、无水乙醇、石油醚、蒸馏水。

四、实验内容

1.竹叶的预处理与竹叶总黄酮的提取

将竹叶从竹枝上剪下，依次用自来水、蒸馏水洗干净，烘箱中60 ℃烘干7 h。将烘干后的竹叶粉碎成粉末过20目筛。

准确称取1.0 g竹叶粉末于锥形瓶中，加入30 mL 60%的乙醇溶液，混匀，60 ℃水浴浸提2 h（也可采用超声辅助提取或微波辅助提取）。抽滤得到提取液，浓缩蒸去乙醇，转移至50 mL容量瓶中，加水定容至刻度。取20 mL该溶液于分液漏斗中，加入石油醚除去色素和脂类成分，收集下层液体，再次于50 mL容量瓶中定容至刻度线，作为样品原液。

2.竹叶总黄酮的显色条件的筛选

（1）测定波长的选择：

取5 mL的样品原液于25 mL容量瓶中，用蒸馏水定容到刻度，作为参比溶液。

取5 mL的样品原液于25 mL容量瓶中，用蒸馏水补至6 mL，再加入1 mL 50 $g\cdot L^{-1}$ $NaNO_2$溶液，摇匀，静置6 min；加入 1 mL 100 $g\cdot L^{-1}$ $Al(NO_3)_3$溶液，摇匀，静置6 min；加入10 mL 1 $mol\cdot L^{-1}$ NaOH溶液，再用蒸馏水定容到刻度，充分混匀后静置15 min，于400～780 nm波长范围内测定吸光度，绘制吸收曲线，以最大吸收处的波长λ_{max}为测定波长。数据记录在表5-10中。

（2）参比溶液的选择：

以蒸馏水为参比溶液，分别测定以下溶液的吸光度：

取5 mL的样品原液于25 mL容量瓶中，用蒸馏水定容到刻度，作为参比溶液1。

取5 mL的样品原液于25 mL容量瓶中，加入10 mL 1 $mol\cdot L^{-1}$ NaOH溶液，用蒸馏水定容到刻度，作为参比溶液2。数据记录在表5-11、表5-12中。

（3）显色时间的确定：

参照2（1）中方法，取5 mL的样品原液于25 mL容量瓶中，用蒸馏水补至6 mL，再加入1 mL 50 $g\cdot L^{-1}$ $NaNO_2$溶液，摇匀，静置2～6 min；其他条件不变，分别测定吸光度，以吸光度稳定的最短静置时间为最优时间，若吸光度不稳定，继续延长至吸光度保持稳定，最优时间记为t_1。

取5 mL的样品原液于25 mL容量瓶中，用蒸馏水补至6 mL，再加入1 mL 50 $g\cdot L^{-1}$ $NaNO_2$溶液，摇匀，静置时间记为t_1，加入 1 mL 100 $g\cdot L^{-1}$ $Al(NO_3)_3$溶液，摇匀，静置3～6 min；方法同上，最优时间记为t_2。

取5 mL的样品原液于25 mL容量瓶中，用蒸馏水补至6 mL，再加入1 mL 50 $g\cdot L^{-1}$ $NaNO_2$溶液，摇匀，静置时间记为t_1，加入 1 mL 100$g\cdot L^{-1}$ $Al(NO_3)_3$溶液，摇匀，静置时间记为t_2；加入10 mL 1 $mol\cdot L^{-1}$ NaOH溶液，再用蒸馏水定容到刻度，充分混匀后静置9～15 min，于400～780 nm波长范围内测定吸光度，确定最优时间t_3。数据记录在表5-13、表5-14、表5-15中。

最大吸收波长位于510 nm附近，参比溶液选择2，显示时间以测定为准，进行下一步的实验。

3.标准曲线的绘制与竹叶总黄酮含量的测定

（1）标准曲线的绘制：

准确称取芦丁20 mg、异荭草苷15 mg，分别用甲醇溶解，转移至100 mL容量瓶中，定容至刻度线，作为标准品原液。

分别量取标准品原液1 mL、2 mL、3 mL、4 mL、5 mL至5个25 mL容量瓶中，用蒸馏水补至6 mL，再加入1 mL 50 $g\cdot L^{-1}$ $NaNO_2$溶液，摇匀，静置时间记为t_1；加入1 mL 100 $g\cdot L^{-1}$ $Al(NO_3)_3$溶液，摇匀，静置时间记为t_2；加入10 mL 1 $mol\cdot L^{-1}$ NaOH溶液，再用蒸馏水定容到刻度，充分混匀后静置时间记为t_3，以参比溶液2为参比溶液，于λ_{max}波长下测定吸光度，绘制标准曲线。数据记录在表5-16中。

（2）样品溶液的测定：

另取同体积的样品溶液于25 mL容量瓶中，用蒸馏水补至6 mL，再加入1 mL 50 $g\cdot L^{-1}$ $NaNO_2$溶液，摇匀，静置时间记为t_1；加入1 mL 100 $g\cdot L^{-1}$$Al(NO_3)_3$溶液，摇匀，静置时间记为$t_2$；加入10 mL 1 $mol\cdot L^{-1}$ NaOH溶液，再用蒸馏水定容到刻度，充分混匀后静置时间记为t_3，以参比溶液2为参比溶液，于λ_{max}波长下测定吸光度。根据以两种标准品绘制的标准曲线分别计算竹叶总黄酮的含量并进行比较。

五、实验数据记录

1.吸收曲线的绘制及最大吸收波长λ_{max}的确定

表5-10　不同波长下的吸光度

λ/nm	A

2. 参比溶液的确定

（1）参比溶液1：

表5-11　不同波长下的吸光度

λ/nm	A

（2）参比溶液2：

表5-12　不同波长下的吸光度

λ/nm	A

3.显色时间的确定

表5-13 $NaNO_2$溶液不同静置时间下的吸光度

	1	2	3	4	5	6	7
V							
A							

表5-14 $Al(NO_3)_3$溶液不同静置时间下的吸光度

	1	2	3	4	5	6	7
V_{NaAc} / mL							
pH							
A							

表5-15 NaOH溶液不同静置时间下的吸光度

	1	2	3	4	5	6	7
t							
A							

4.标准曲线的制作

表5-16 不同浓度标准品的吸光度

	1	2	3	4	5
V / mL					
A					

【注意事项】

标准曲线的测定条件需与样品测定完全一致。

【思考题】

1.不同提取方法所得样品中总黄酮的含量有何不同?

2.不同标准品对总黄酮含量的测定有何影响，哪种标准品更符合实验实际，为什么?

实验41 蔬菜中天然色素的提取及薄层层析、柱层析分离[1,17–20]

一、实验目的

1. 了解蔬菜中色素的提取方法;
2. 掌握色素分离的原理及方法。

二、实验原理

天然色素广泛存在于蔬菜等各种植物的茎叶中，对其进行分离后用于食品添加剂中更加安全健康。菠菜等蔬菜中富含叶绿素、叶黄素、胡萝卜素等多种天然色素，本实验通过对菠菜中的多种天然色素进行提取和分离，使学生熟悉天然产物提取和分离的一般原理和方法。柱层析及薄层层析原理类似，其固定相为硅胶或三氧化二铝等填料，最常用的为硅胶。硅胶为不定型立体网状结构的硅酸聚合物颗粒，内部有很多小孔。不同化合物因分子结构、极性、分子大小的不同，与硅胶表面的作用力不同。一般极性较小的化合物与硅胶作用力较小，先随流动相流出，极性较大的化合物与硅胶作用力较大，后流出，从而实现不同化合物的分离。

三、实验用品

1. 仪器

色谱缸（展缸）、层析板、层析柱、研钵、长颈漏斗、毛细管。

2. 试剂

菠菜、硅胶、丙酮、乙醚、石油醚、丁醇、乙醇、叶绿素a、叶绿素b、胡萝卜素、叶黄素标准品。

四、实验内容

1. 菠菜中色素的提取

将新鲜菠菜叶依次用自来水、纯净水洗净，晾干。称取晾干的菠菜叶5 g，剪成碎片，加少量的碳酸钙、石英砂、5 mL蒸馏水研成细浆。取细浆于50 mL试管中，加丙酮20 mL，用玻璃棒搅拌20 min使色素溶解。过滤除去残渣，得到丙酮提取液，在丙酮提取液中加入乙醚5 mL，弃去下层丙酮相，色素集中于乙醚相中。

2. 薄层层析

取微量叶绿素a、叶绿素b、胡萝卜素、叶黄素标准品配成溶液，作为对照。

在薄层层析板底部与上部1 cm处，用铅笔分别画一条直线。在底部的直线上平均分布五个点，注意任一点都不要靠层析板边缘过近。用毛细管分别蘸取叶绿素a、叶绿素b、胡萝卜素、叶黄素和色素提取液依次小心点涂在直线上的五个点处，注意少量多次，每次涂完后吹干再点涂第二次，以免斑点扩大明显；毛细管不能混用，点涂完第一个点后，将毛细管洗净再涂第二个点，依次进行。然后将点涂完毕的层析板放入石油醚：丙酮体积比为2：1的展开剂中展开，注意展开剂的液面应在点涂样品的直线下方，盖上展缸盖子，待溶剂上沿上升至层析板上部的直线时，立即取出层析板，自然晾干。记录每个标准品的展开的位置，并记录R_f值。提取液中对应位置的色斑即为菠菜色素中相对应的斑点。

3. 柱层析

（1）装柱：

根据样品的质量选择合适规格的层析柱，在层析柱最下端塞一小团棉花，然后将硅胶粉末装入柱层析玻璃管中，边装边用洗耳球敲打硅胶柱，使硅胶下沉堆积紧实。然后直接加入石油醚，并用加压泵使溶剂完全润湿硅胶柱。

以上为干法装柱，也可将硅胶粉末用石油醚拌匀再装柱，为湿法装柱。

（2）上样：

待硅胶柱中硅胶不再下沉后，在石油醚即将流干时，将色素提取物浓缩后用滴管轻轻加至硅胶柱上方，或将色素与硅胶拌匀旋干除去溶剂，直接将粉末加入硅胶柱上方。加入少量石油醚冲洗柱内壁沾染的色素，待冲洗干净，色素全部吸附在硅胶层中，即可进行洗脱。

（3）洗脱：

加入石油醚：丙酮体积比为9：1的洗脱剂，最先流下的橙黄色色带即为胡萝卜素；用石油醚：丙酮体积比为7：3的溶液做洗脱剂，流下的即为叶黄素；最后用丁醇-乙醇-水（3：1：1）洗脱，即可得到叶绿素a和叶绿素b。将洗脱得到的色素挥发除去溶剂后称重，数据记录在表5-17中。

五、实验数据记录

表5-17　不同色素的R_f值及含量

	叶绿素a	叶绿素b	胡萝卜素	叶黄素
色斑中心到原点的距离				
溶剂前沿到原点的距离				
R_f值				

【注意事项】

柱层析中的硅胶柱不能装太短，否则会影响分离效果。

【思考题】

1. 如何根据样品量选择合适的硅胶柱？
2. 薄层层析也可进行样品的分离，与普通的薄层层析板有何不同？

附　录

附录1　定量分析常用仪器列表

（一）学生仪器

名称	规格	数目
酸式滴定管	25 mL	1
碱式滴定管	25 mL	1
称量瓶		1
容量瓶	250 mL	1
	100 mL	1
	50 mL	1
量筒	100 mL	1
	10 mL	1
滴管	带胶头	3
玻璃棒		3
烧杯	500 mL	1
	100 mL	1
	50 mL	1
试剂瓶	500 mL	2
移液管	20 mL	1
吸量管	10 mL	1
	5 mL	1
	1 mL	1
洗耳球		1
滴定台	带滴定管夹、铁圈	
洗瓶		1
锥形瓶	250 mL	3
表面皿		3
碘量瓶	250 mL	3

续表

名称	规格	数目
漏斗		3
瓷坩埚		2
坩埚钳		1
药匙		1
点滴板		1

（二）公共仪器

分析天平、酸度计、分光光度计、烘箱、移液管架、电热板、马弗炉。

附录2　常用指示剂

（一）简单酸碱指示剂

指示剂	理论变色点	实测变色范围	颜色变化 酸色	颜色变化 碱色	溶液配制方法
百里酚蓝（第一变色点）	1.6	1.2～2.8	红	蓝	指示剂0.1 g溶于100 mL 20%的乙醇
甲基黄	3.3	2.9～4.0	红	蓝	指示剂0.1 g溶于100 mL 90%的乙醇
甲基橙	3.4	3.1～4.4	红	蓝	指示剂0.1 g溶于100 mL水
溴酚蓝	4.1	3.1～4.6	黄	紫	指示剂0.1 g溶于100 mL 20%的乙醇 或其钠盐0.1 g溶于100 mL的水
溴甲酚绿	4.9	3.8～5.4	黄	蓝	指示剂0.1 g溶于100 mL 20%的乙醇 或其钠盐0.1 g溶于100 mL的水
甲基红	5.2	4.4～6.2	红	黄	指示剂0.1 g溶于100 mL 60%的乙醇 或其钠盐0.1 g溶于100 mL的水
溴甲酚紫	6.3	5.2～6.8	黄	紫	指示剂0.1 g溶于100 mL 20%的乙醇
中性红	7.4	6.8～8.0	红	黄橙	指示剂0.1 g溶于100 mL 60%的乙醇
酚红	8.0	6.7～8.4	黄	红	指示剂0.1 g溶于100 mL 20%的乙醇
百里酚蓝（第二变色点）	8.9	8.0～9.6	黄	蓝	指示剂0.1 g溶于100 mL 20%的乙醇
酚酞	9.1	8.0～9.6	无	红	指示剂0.1 g溶于100 mL 60%的乙醇
百里酚酞	10.0	9.4～10.6	无	蓝	指示剂0.1 g溶于100 mL 90%的乙醇

（二）酸碱混合指示剂

指示剂组成	理论变色点	颜色变化		
		酸色	混合色	碱色
1 g·L^{-1}溴甲酚绿乙醇溶液与2 g·L^{-1}甲基红乙醇溶液3∶1混合	5.1	酒红		绿
1 g·L^{-1}亚甲基蓝乙醇溶液与2 g·L^{-1}甲基红乙醇溶液1∶1混合	5.4	pH=5.2 红紫	暗红色	pH=5.6 绿
1 g·L^{-1}溴甲酚绿钠盐水溶液与氯酚红钠盐水溶液1∶1混合	6.1	pH=5.4 蓝绿	pH=5.8 蓝	pH=6.2 蓝紫
1 g·L^{-1}亚甲基蓝乙醇溶液与1 g·L^{-1}中性红乙醇溶液1∶1混合	7.0	pH=7.0 蓝紫		绿
1 g·L^{-1}溴百里酚蓝钠盐水溶液与1 g·L^{-1}酚红钠盐水溶液1∶1混合	7.5	黄		绿
1 g·L^{-1}百里酚蓝钠盐水溶液与1 g·L^{-1}甲酚红钠盐水溶液3∶1混合	8.3	黄	pH=8.2 玫瑰色	pH=8.4 清晰紫色
1 g·L^{-1}甲基黄乙醇溶液与1 g·L^{-1}次甲基蓝乙醇溶液1∶1混合	3.25	pH=3.2 蓝紫		pH=3.4 绿
1 g·L^{-1}甲基橙水溶液与2.5 g·L^{-1}靛蓝二磺酸水溶液1∶1混合	4.1	紫		黄绿
1 g·L^{-1}溴甲酚绿乙醇溶液与2 g·L^{-1}甲酚绿乙醇溶液3∶1混合	5.1	酒红		绿
1 g·L^{-1}百里酚蓝乙醇溶液与1 g·L^{-1}酚酞乙醇溶液1∶3混合	9.0	黄	绿	紫
1 g·L^{-1}百里酚酞乙醇溶液与1 g·L^{-1}茜黄素乙醇溶液2∶1混合	10.2	黄		紫
1 g·L^{-1}百里酚酞乙醇溶液与1 g·L^{-1}酚酞乙醇溶液1∶1混合	9.9	无	pH=9.6 玫瑰红	pH=10 紫
1 g·L^{-1}溴甲酚绿钠盐水溶液与2 g·L^{-1}甲基橙水溶液1∶1混合	4.3	橙	pH=4.05 绿	pH=4.3 蓝绿

（三）金属离子指示剂

指示剂	溶液配制方法	指示剂的解离平衡与颜色变化	测定条件		
			元素	颜色变化	测定条件
铬黑T（EBT）	5 g·L^{-1}水溶液或与氯化钠1∶100配成固体混合物	$pK_{a2}=6.3$；$pK_{a3}=11.55$ $H_2In^- = HIn^{2-} = In^{3-}$ 紫红 蓝 橙	铝	蓝—红	pH为7～8，以Zn^{2+}溶液返滴
			铋	蓝—红	pH为9～10，以Zn^{2+}溶液返滴
			钙	蓝—红	pH=10，加入EDTA-Mg
			镉	红—蓝	氨性缓冲溶液控制至pH=10
			镁	红—蓝	氨性缓冲溶液控制至pH=10
			锰	红—蓝	氨性缓冲溶液，加羟胺
			镍	红—蓝	氨性缓冲溶液
			铅	红—蓝	氨性缓冲溶液，加酒石酸钾
			锌	红—蓝	氨性缓冲溶液控制至pH为6.8～10
二甲酚橙（XO）	2 g·L^{-1}水溶液	$pK_a=6.3$ $H_3In^{4-} = H_2In^{5-}$ 黄 红	铋	红—黄	硝酸控制至pH为1～2
			镉	粉红—黄	六亚甲基四胺控制至pH为5～6
			铅	红紫—黄	醋酸缓冲溶液控制至pH为5～6
			钍（IV）	红—黄	硝酸控制至pH为1.6～3.5
			锌	红—黄	醋酸缓冲溶液控制至pH为5～6
钙指示剂	5 g·L^{-1}乙醇溶液或与氯化钠1∶100配成固体混合物	$pK_{a2}=7.4$；$pK_{a3}=13.5$ $H_2In^- = HIn^{2-} = In^{3-}$ 酒红 蓝 酒红	钙	酒红—蓝	pH>12
吡啶偶氮萘酚（PAN）	1 g·L^{-1}乙醇溶液	$pK_{a1}=1.9$；$pK_{a2}=12.2$ $H_2In^+ = HIn = In^-$ 黄绿 黄 淡红	镉	红—黄	醋酸缓冲溶液控制至pH=6
			钴	黄—红	醋酸缓冲溶液，70～80 ℃，以Cu^{2+}溶液返滴
			铜	紫—黄	氨性缓冲溶液控制至pH=10
				红—黄	醋酸缓冲溶液控制至pH=6
			锌	粉红—黄	醋酸缓冲溶液控制至pH为5～7
磺基水杨酸	10 g·L^{-1}水溶液	$pK_{a1}=2.7$；$pK_{a2}=13.1$ $H_2In = HIn^- = In^{2-}$ 无色	铁（II）	红紫—黄	pH为1.5～2

（四）氧化还原指示剂

指示剂	E^{θ}/V	颜色变化		溶液配制方法
		氧化态	还原态	
中性红	0.24	红	无色	指示剂0.05 g溶于100 mL 60%的乙醇
次甲基蓝	0.36	蓝	无色	指示剂0.05 g溶于100 mL水
二苯胺	0.76	紫	无色	指示剂1 g溶于100 mL浓硫酸
二苯胺磺酸钠	0.85	紫红	无色	指示剂0.5 g溶于100 mL水
N-邻苯氨基苯甲酸	1.08	紫红	无色	指示剂0.1 g溶于20 mL 15%的Na_2CO_3溶液，稀释至100 mL
邻二氮菲-铁(II)	1.06	浅蓝	红	邻二氮菲1.485 g、$FeSO_4 \cdot 7H_2O$ 0.695 g溶于100 mL水(0.025 $mol \cdot L^{-1}$)
5-硝基邻二氮菲-铁(II)	1.25	浅蓝	紫红	5-硝基邻二氮菲1.608 g、$FeSO_4 \cdot 7H_2O$ 0.695 g溶于100 mL水(0.025 $mol \cdot L^{-1}$)

（五）吸附指示剂

指示剂	溶液配制方法	测定条件		
		测定元素/滴定剂	颜色变化	测定条件
荧光黄	10 $g \cdot L^{-1}$钠盐水溶液	Cl^-，Br^-，I^-，SCN^-/Ag^+	黄绿—粉红	中性、弱碱性
二氯荧光黄	10 $g \cdot L^{-1}$钠盐水溶液	Cl^-，Br^-，I^- /Ag^+	黄绿—粉红	pH为4.4～7
四溴荧光黄(曙红)	10 $g \cdot L^{-1}$钠盐水溶液	Br^-，I^-/Ag^+	橙红—红紫	pH为1～2
溴酚蓝	0.1 g溶于100 mL 20%的乙醇溶液	Cl^-，I^- /Ag^+	黄绿—蓝	微酸性
二氯四碘荧光黄		I^-/Ag^+	红—紫红	$(NH_4)_2CO_3$、Cl^-
罗丹明6G		Ag^+ / Br^-	橙红—红紫	0.3 $mol \cdot L^{-1}$ HNO_3
二苯胺		Cl^-，Br^-，I^-，SCN^-/Ag^+	紫—绿	I_2或VO_3^-
酚藏红花		Cl^-，Br^- /Ag^+	红—蓝	

附录3 常用酸碱溶液的密度、质量分数、物质的量浓度对照表

名称	质量分数ω/%	密度ρ/(g·mL^{-1})	物质的量浓度c/(mol·L^{-1})
盐酸	36.5	1.19	11.9
硝酸	70.0	1.42	15.8
硫酸	98	1.84	18.4
磷酸	85.0	1.69	14.6
高氯酸	70.0	1.67	11.6
冰醋酸	99.7	1.05	17.4
氢氟酸	40	1.13	22.5
氢溴酸	47	1.49	8.6
氨水	28.0	0.90	14.8
三乙醇胺		1.124	7.5
浓氢氧化钠	40	1.44	14.4
饱和氢氧化钠		1.539	20.07

附录4 常用缓冲溶液的配制方法

名称	pK_a	pH	配制方法
氨基已酸-盐酸	2.35	2.3	氨基已酸150 g溶于适量水中，加浓盐酸80 mL，再用蒸馏水稀释至1 L
磷酸-柠檬酸盐		2.5	$Na_2HPO_4·12H_2O$ 113 g，柠檬酸387g，溶解后稀释至1 L
一氯乙酸-氢氧化钠	2.86	2.8	一氯乙酸200 g，氢氧化钠40 g，溶解过滤后用蒸馏水稀释至1 L
邻苯二甲酸氢钾-盐酸	2.95	2.9	邻苯二甲酸氢钾50 g溶于蒸馏水中，加浓盐酸80 mL，稀释至1 L
邻苯二甲酸氢钾-氢氧化钠	5.41	4.8	邻苯二甲酸氢钾10.2 g溶于蒸馏水中，加氢氧化钠0.7g，稀释至1 L
甲酸-氢氧化钠			氢氧化钠40 g溶于蒸馏水中，加甲酸95 g，稀释至1 L

续表

名称	pK_a	pH	配制方法
NaAc-HAc	4.74	4.7	NaAc 83 g溶于蒸馏水中，加冰醋酸60 mL，稀释至1 L
六亚甲基四胺-盐酸	5.15	5.4	六亚甲基四胺40 g溶于蒸馏水中，加浓盐酸10 mL，稀释至1 L
Tris-HCl	8.21	8.2	Tris试剂25 g溶于蒸馏水中，加浓盐酸8 mL，稀释至1 L
NH_3-NH_4Cl	9.26	9.2	NH_4Cl 54 g溶于水中，加入浓氨水63 mL，混合后稀释至1 L
磷酸二氢钾-氢氧化钠	7.2	6.8	磷酸二氢钾6.8 g，氢氧化钠0.94 g，加适量蒸馏水溶解后稀释至1 L
磷酸氢二钠-氢氧化钠	12.36	12.0	$Na_2HPO_4 \cdot 12H_2O$ 8.95g，氢氧化钠1.076 g，加适量蒸馏水溶解后稀释至1 L
硼砂-氢氧化钠		12.6	氢氧化钠和硼砂各10 g，加适量蒸馏水溶解后稀释至1 L

附录5　常见基准物质的种类、应用及干燥条件

名称	分子式	干燥条件 T/°C	干燥后分子式	标定对象
硼砂	$Na_2B_4O_7 \cdot 10H_2O$	在放置NaCl和蔗糖饱和溶液的干燥器中	$Na_2B_4O_7 \cdot 10H_2O$	酸
碳酸氢钠	$NaHCO_3$	270～300	Na_2CO_3	酸
碳酸氢钾	$KHCO_3$	270～300	K_2CO_3	酸
碳酸钠	$Na_2CO_3 \cdot 10H_2O$	270～300	Na_2CO_3	酸
草酸	$H_2C_2O_4 \cdot 2H_2O$	室温空气干燥	$H_2C_2O_4 \cdot 2H_2O$	碱或$KMnO_4$
氨基磺酸	$HOSO_2NH_2$	放置有H_2SO_4的真空干燥器中干燥48 h	$HOSO_2NH_2$	碱
邻苯二甲酸氢钾	$KHC_8H_4O_4$	110～120	$KHC_8H_4O_4$	碱
碳酸钙	$CaCO_3$	110	$CaCO_3$	EDTA
锌	Zn	室温干燥器中保存	Zn	EDTA

续表

名称	分子式	干燥条件 T/°C	干燥后分子式	标定对象
氧化锌	ZnO	900～1000	ZnO	EDTA
硝酸铅	$Pb(NO_3)_2$	室温干燥器中保存	$Pb(NO_3)_2$	EDTA
重铬酸钾	$K_2Cr_2O_7$	140～150	$K_2Cr_2O_7$	还原剂
溴酸钾	$KBrO_3$	130	$KBrO_3$	还原剂
碘酸钾	KIO_3	130	KIO_3	还原剂
铜	Cu	室温干燥器中保存	Cu	还原剂
三氧化二砷	As_2O_3	室温干燥器中保存	As_2O_3	氧化剂
草酸钠	$Na_2C_2O_4$	130	$Na_2C_2O_4$	氧化剂
氯化钠	NaCl	500～600	NaCl	$AgNO_3$
氯化钾	KCl	500～600	KCl	$AgNO_3$
硝酸银	$AgNO_3$	280～290	$AgNO_3$	氯化物

附录6　相对原子质量表

元素	相对原子质量	元素	相对原子质量	元素	相对原子质量
氢	1.008	铌	92.90637(2)	铊	204.38
氦	4.002602(2)	钼	95.95(1)	铅	207.2(1)
锂	6.94	锝	97.90721	铋	208.98040(1)
铍	9.0121831(5)	钌	101.07(2)	钋	208.98243
硼	10.81	铑	102.90550(2)	砹	209.98715
碳	12.011	钯	106.42(1)	氡	222.01758
氮	14.007	银	107.8682(2)	钫	223.01974
氧	15.999	镉	112.414(4)	镭	226.02610
氟	18.998403163(6)	铟	114.818(1)	锕	227.02770
氖	20.1797(6)	锡	118.710(7)	钍	232.0377(4)
钠	22.98976928(2)	锑	121.760(1)	镤	231.03588(2)
镁	24.305	碲	127.60(3)	铀	238.02891(3)
铝	26.9815385(7)	碘	126.90447(3)	镎	237.04817
硅	28.085	氙	131.293(6)	钚	244.06421

续表

元素	相对原子质量	元素	相对原子质量	元素	相对原子质量
磷	30.973761998(5)	铯	132.90545196(6)	镅	243.06138
硫	32.06	钡	137.327(7)	锔	247.07035
氯	35.45	镧	138.90547(7)	锫	247.07031
氩	39.948(1)	铈	140.116(1)	锎	251.07959
钾	39.0983(1)	镨	140.90766(2)	锿	252.0830
钙	40.078(4)	钕	144.242(3)	镄	257.09511
钪	44.955908(5)	钷	144.91276	钔	258.09843
钛	47.867(1)	钐	150.36(2)	锘	259.1029
钒	50.9415(1)	铕	151.964(1)	铹	262.1097
铬	51.9961(6)	钆	157.25(3)	𬬻	261.1088
锰	54.938044(3)	铽	158.92535(2)	𬭊	262.114
铁	55.845(2)	镝	162.500(1)	𬭳	266.122
钴	58.933194(4)	钬	164.93033(2)	𬭛	264.125
镍	58.6934(4)	铒	167.259(3)	𬭶	277.152
铜	63.546(3)	铥	168.93422(2)	鿏	268.139
锌	65.38(5)	镱	173.045(10)	𫟼	281.165
镓	69.723(1)	镥	174.9668(1)	𬬭	272.153
锗	72.630(1)	铪	178.49(2)	鎶	285.177
砷	74.921595(6)	钽	180.94788(2)	𫓧	289.190
硒	78.971(8)	钨	183.84(1)	鉝	293.204
溴	79.904	铼	186.207(1)		
氪	83.798(2)	锇	190.23(3)		
铷	85.4678(3)	铱	192.217(3)		
锶	87.62(1)	铂	195.084(9)		
钇	88.90584(2)	金	196.966569(5)		
锆	91.224(2)	汞	200.592(3)		

附录7 常见化合物的相对分子质量表

化合物	相对分子质量	化合物	相对分子质量	化合物	相对分子质量
Ag_3AsO_4	462.52	$Ba(OH)_2$	171.34	$CoCl_2·6H_2O$	237.93
AgBr	187.77	$BaSO_4$	233.39	$Co(NO_3)_2$	132.94
AgCl	143.32	$BiCl_3$	315.34	$Co(NO_3)_2·6H_2O$	291.03
AgCN	133.89	BiOCl	60.43	CoS	90.99
AgSCN	165.96	CH_3COOH	60.05	$CoSO_4$	154.99
Ag_2CrO_4	331.73	CH_3COONH_4	77.08	$CoSO_4·7H_2O$	281.10
AgI	234.77	CH_3COONa	82.03	$CrCl_3$	158.35
$AgNO_3$	169.87	$CH_3COONa·3H_2O$	136.08	$CrCl_3·6H_2O$	266.45
$AlCl_3$	133.34	CO_2	44.01	$Cr(NO_3)_3$	238.10
$AlCl_3·6H_2O$	241.43	$CO(NH_2)_2$	60.06	Cr_2O_3	151.99
$Al(NO_3)_3$	213.00	CaO	56.08	CuCl	98.999
$Al(NO_3)_3·9H_2O$	375.13	$CaCO_3$	100.09	$CuCl_2$	134.45
Al_2O_3	101.96	CaC_2O_4	128.10	$CuCl_2·2H_2O$	170.348
$Al(OH)_3$	78.00	$CaCl_2$	110.99	CuSCN	121.62
$Al_2(SO_4)_3$	342.14	$CaCl_2·6H_2O$	219.08	CuI	190.45
$Al_2(SO_4)_3·18H_2O$	666.41	$Ca(NO_3)_2·4H_2O$	236.15	$Cu(NO_3)_2$	187.56
As_2O_3	197.84	$Ca(OH)_2$	74.09	$Cu(NO_3)_2·3H_2O$	241.60
As_2O_5	229.84	$Ca_3(PO_4)_2$	310.18	CuO	79.545
As_2S_3	246.02	$CaSO_4$	136.14	Cu_2O	143.09
$BaCO_3$	197.34	$CdCO_3$	172.42	CuS	95.61
BaC_2O_4	225.35	$CdCl_2$	183.32	$CuSO_4$	159.60
$BaCl_2$	208.24	CdS	144.47	$CuSO_4·5H_2O$	249.68
$BaCl_2·2H_2O$	244.27	$Ce(SO_4)_2$	332.24	$FeCl_2$	126.75
$BaCrO_4$	253.32	$Ce(SO_4)_2·4H_2O$	404.30	$FeCl_2·4H_2O$	198.81
BaO	153.33	$CoCl_2$	129.84	$FeCl_3$	162.21
$FeCl_3·6H_2O$	270.30	Hg_2SO_4	497.24	$Mn(NO_3)_2·6H_2O$	287.04
$FeNH_4(SO_4)_2·12H_2O$	482.18	$KAl(SO_4)_2·12H_2O$	474.38	MnO	70.937
$Fe(NO_3)_3$	241.86	KBr	119.00	MnO_2	86.937
$Fe(NO_3)_3·9H_2O$	404.00	$KBrO_3$	167.00	MnS	87.00

续表

化合物	相对分子质量	化合物	相对分子质量	化合物	相对分子质量
FeO	71.846	KCl	74.551	$MnSO_4$	151.00
Fe_2O_3	159.69	$KClO_3$	122.55	$MnSO_4 \cdot 4H_2O$	223.06
Fe_3O_4	231.54	$KClO_4$	138.55	NO	30.006
$Fe(OH)_3$	106.87	KCN	65.116	NO_2	46.006
FeS	87.91	$KSCN$	97.18	NH_3	17.03
Fe_2S_3	207.87	K_2CO_3	148.21	NH_4Cl	53.491
$FeSO_4$	151.90	K_2CrO_4	194.19	$(NH_4)_2CO_3$	96.086
$FeSO_4 \cdot 7H_2O$	278.01	$K_2Cr_2O_7$	294.18	$(NH_4)_2C_2O_4$	124.10
$FeSO_4(NH_4)_2SO_4 \cdot 6H_2O$	392.13	$K_3Fe(CN)_6$	329.25	$(NH_4)_2C_2O_4 \cdot H_2O$	142.11
II_3AsO_3	125.94	$K_4Fc(CN)_6$	368.35	NH_4SCN	76.12
H_3AsO_4	141.94	$KFe(SO_4)_2 \cdot 12H_2O$	503.24	NH_4HCO_3	79.055
H_3BO_3	61.83	$KHC_2O_4 \cdot H_2O$	146.14	$(NH_4)_2MoO_4$	196.01
HBr	80.912	$KHC_2O_4\ H_2C_2O_4 \cdot 2H_2O$	254.19	NH_4NO_3	80.043
HCN	27.026	$KHC_4H_4O_6$	188.18	$(NH_4)_2HPO_4$	132.06
$HCOOH$	46.026	$KHC_8H_4O_4$	204.22	$(NH_4)_2S$	68.14
H_2CO_3	62.025	$KHSO_4$	136.16	$(NH_4)_2SO_4$	132.13
$H_2C_2O_4$	90.035	KI	166.00	NH_4VO_3	116.98
$H_2C_2O_4 \cdot 2H_2O$	126.07	KIO_3	214.00	Na_3AsO_3	191.89
HCl	36.461	$KIO_3 \cdot HIO_3$	389.91	$Na_2B_4O_7$	201.22
HF	20.006	$KMnO_4$	158.03	$Na_2B_4O_7 \cdot 10H_2O$	381.37
HI	127.91	$KNaC_4H_4O_6 \cdot 4H_2O$	282.22	$NaBiO_3$	279.97
HIO_3	175.91	KNO_3	101.10	$NaCN$	49.007
HNO_3	63.013	KNO_2	85.104	$NaSCN$	81.07
HNO_2	47.013	K_2O	94.196	Na_2CO_3	105.99
H_2O	18.015	KOH	56.106	$Na_2CO_3 \cdot 10H_2O$	286.14
H_2O_2	34.015	K_2PtCl_6	485.99	$Na_2C_2O_4$	134.00
H_3PO_4	97.995	$KSCN$	97.18	$NaCl$	58.443
H_2S	34.08	K_2SO_4	174.25	$NaClO$	74.442
H_2SO_3	82.07	$MgCO_3$	84.314	$NaHCO_3$	84.007
H_2SO_4	98.07	$MgCl_2$	95.211	SnO_2	150.71
$Hg(CN)_2$	252.63	$MgCl_2 \cdot 6H_2O$	203.30	$Na_2HPO_4 \cdot 12H_2O$	358.14

续表

化合物	相对分子质量	化合物	相对分子质量	化合物	相对分子质量
$HgCl_2$	271.50	MgC_2O_4	112.33	$Na_2H_2Y \cdot 2H_2O$	372.24
Hg_2Cl_2	472.09	$Mg(NO_3)_2 \cdot 6H_2O$	256.41	$NaNO_2$	68.995
HgI_2	454.40	$MgNH_4PO_4$	137.32	$NaNO_3$	84.995
$Hg_2(NO_3)_2$	525.19	MgO	40.304	Na_2O	61.979
$Hg_2(NO_3)_2 \cdot 2H_2O$	561.22	$Mg(OH)_2$	58.32	Na_2O_2	77.978
$Hg(NO_3)_2$	324.60	$Mg_2P_2O_7$	222.55	$NaOH$	39.997
HgO	216.59	$MgSO_4 \cdot 7H_2O$	246.47	Na_3PO_4	163.94
HgS	232.65	$MnCO_3$	114.95	Na_2S	78.04
$HgSO_4$	296.65	$MnCl_2 \cdot 4H_2O$	197.91	$Na_2S \cdot 9H_2O$	240.18
Na_2SO_3	126.04	PbO	223.20	$SrCO_3$	147.63
Na_2SO_4	142.04	PbO_2	239.20	SrC_2O_4	175.64
$NaHSO_4$	120.07	Pb_3O_4	685.60	$SrCrO_4$	203.61
$Na_2S_2O_3$	158.10	$Pb_3(PO_4)_2$	811.54	$Sr(NO_3)_2$	211.63
$Na_2S_2O_3 \cdot 5H_2O$	248.17	PbS	239.30	$Sr(NO_3)_2 \cdot 4H_2O$	283.69
$NaSCN$	81.08	$PbSO_4$	303.30	$SrSO_4$	183.68
$NiCl_2 \cdot 6H_2O$	237.69	SO_3	80.06	$TlCl$	239.84
$Ni(NO_3)_2 \cdot 6H_2O$	290.79	SO_2	64.06	$UO_2(CH_3COO)_2 \cdot 2H_2O$	424.15
NiO	74.69	$SbCl_3$	228.11	$ZnCO_3$	125.39
$NiSO_4 \cdot 7H_2O$	280.87	$SbCl_5$	299.02	ZnC_2O_4	153.40
NiS	90.76	Sb_2O_3	291.50	$ZnCl_2$	136.29
P_2O_5	141.94	Sb_2S_3	339.68	$Zn(CH_3COO)_2$	183.47
$PbCO_3$	267.20	SiF_4	104.08	$Zn(CH_3COO)_2 \cdot 2H_2O$	219.50
PbC_2O_4	295.22	SiO_2	60.084	$Zn(NO_3)_2$	189.39
$PbCl_2$	278.10	$SnCl_2$	189.62	$Zn(NO_3)_2 \cdot 6H_2O$	297.48
PbC_rO_4	323.19	$SnCl_2 \cdot 2H_2O$	225.65	ZnO	81.38
$Pb(CH_3COO)_2$	325.30	$SnCl_4$	260.52	ZnS	97.44
$Pb(CH_3COO)_2 \cdot 3H_2O$	379.30	$SnCl_4 \cdot 5H_2O$	350.596	$ZnSO_4$	161.44
PbI_2	461.00	SnO_2	150.71	$ZnSO_4 \cdot 7H_2O$	287.54
$Pb(NO_3)_2$	331.20	SnS	150.776		

附录8　滴定分析中常见指示剂的终点颜色变化对照图

（滴定分析中常见指示剂的终点颜色变化对照图
可扫描右侧二维码观看）

终点颜色变化
对照图

参考文献

［1］武汉大学.分析化学实验［M］.6版.北京：高等教育出版社，2021.

［2］华中师范大学，东北师范大学，陕西师范大学，等.分析化学［M］.4版.北京：高等教育出版社，2011.

［3］金谷，姚奇志，江万权，等.分析化学实验［M］.2版.合肥：中国科学技术大学出版社，2020.

［4］孙尔康，张剑荣，马全红，等.分析化学［M］.3版.南京：南京大学出版社，2020.

［5］何锡风，安红，谷振华.常温合成甲基橙方法的研究［J］.齐齐哈尔大学学报，2005，21（2）：16-18.

［6］北京大学化学分析化学教学组.基础分析化学实验［M］.2版.北京：北京大学出版社，2003.

［7］范晓燕，于媛，徐嫔.酸碱指示剂离解常数的测定［J］.实验室科学，2007（2）：89-90.

［8］樊静，沈学静，王瑞勇，等.光度法测定甲基橙和二甲基黄在甲醇-水混合溶剂中的离解常数［J］.分析实验室，1998，17（4）：5-8.

［9］张志朋，孙建科，蒋琪英，等.食品强化剂 $NaFeEDTA\cdot 3H_2O$ 的合成及表征［J］.精细化工，2008，25（8）：775-783.

［10］MEIER R, HEINERMANN F W. Structure of the spontaneously resolved six-coordinate potassium chloro(ethylenediaminetriacetato acetic acid)iron(Ⅲ)monohydrate and the seven-coordinate potassium(ethylenediaminetriacetato)iron(Ⅲ)sesquihydrate[J]. Inorganica Chimica Acta, 2002(337):317-327.

［11］李桂英，卢玉姝.鸡蛋壳制备乳酸钙的研究［J］.吉林化工学院学报，2001，18（1）：25-27.

［12］张富娟，盛淑玲.用蛋壳灰分制备乳酸钙的研究［J］.食品工业科技，2003，24（9）：56-57.

［13］LI Z, ZHANG Y H, TAN T W. Preparation of edible nano calcium lactate crystal from crude l-lactic acid via chemical precipitation method [J].Journal of Bioscience and Bioengineering, 2009, 108(s1): s138.

［14］焦萍，邓本俊，李超，等.化学试验室含铬废液的快速检测与回收利用的探讨［J］.山东化工，2011，40（5）：37-39.

［15］张俊然，刘晓莉，成文玉.实验室含铬实验废液处理的实验研究［J］.河北工业大学成人教育学院学报，2007，22（2）：39-42.

［16］杨开友，邓小宽，江秀平，等.竹叶总黄酮测定方法优化［J］.四川大学学报（自然科学版），2019，56（6）：1182-1186.

［17］马骏，王超，李秀妹，等.绿色植物色素的提取和色谱分离［J］.化工时刊，2009，23（10）：46-49.

［18］黄飞，屈飞强，任晓琼.超声波辅助提取分离菠菜色素的工艺研究［J］.黑龙江八一农垦大学学报，2015，27（1）：64-68.

［19］韩云海，张来祥，李海岭，等.菠菜色素的分离与定量研究［J］.实验技术与管理，2009，26（5）：47-48，61.

［20］郭乃妮，郑敏燕，赵维，等.菠菜色素的提取与分离实验教学优化探索［J］.皮革与化工，2021，38（4）：41-44.